LA
FRANCE AGRICOLE

OUVRAGES DU MÊME AUTEUR

Les Matières fertilisantes, 1 vol. in-8º.
Les Plantes fourragères, 1 vol. in-8º.
Les Plantes industrielles, 2 vol. in-8º.
Les Assolements et les systèmes de culture, 1 vol. in-8º.
L'Agriculture dans l'Italie septentrionale, 1 vol. in-8º.
Le Porc, 1 vol. in-12.
Les Formules des fumures et des étendues en fourrages, 1 vol. in-12.
L'Emploi du lait en Bretagne, 1 vol. in-8º.

IMPRIMERIE PARISIENNE, boulevard Bonne-Nouvelle, 26, et impasse Bonne-Nouvelle, 8.

LA
FRANCE AGRICOLE

PAR

GUSTAVE HEUZÉ

Membre de la Société impériale et centrale d'agriculture de France
Adjoint à l'inspection générale de l'agriculture
Professeur à l'École impériale d'agriculture de Grignon

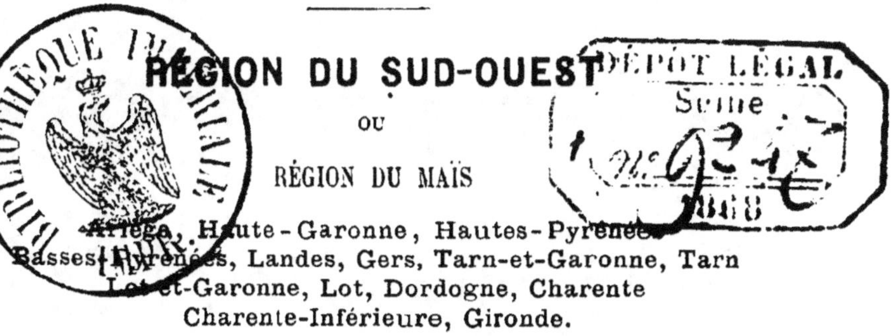

RÉGION DU SUD-OUEST

ou

RÉGION DU MAÏS

Ariège, Haute-Garonne, Hautes-Pyrénées,
Basses-Pyrénées, Landes, Gers, Tarn-et-Garonne, Tarn
Lot-et-Garonne, Lot, Dordogne, Charente
Charente-Inférieure, Gironde.

PARIS

LIBRAIRIE DE L. HACHETTE ET Cie

BOULEVARD SAINT-GERMAIN, N° 77

—

1868

A

M. CHAMBELLANT

OFFICIER DE LA LÉGION D'HONNEUR
INSPECTEUR GÉNÉRAL DE L'AGRICULTURE.

A

M. EUGÈNE TISSERANT

OFFICIER DE LA LÉGION D'HONNEUR
DIRECTEUR DES DOMAINES AGRICOLES DE LA COURONNE

Hommage de l'auteur.

AVANT-PROPOS.

L'agriculture française varie à l'infini dans ses procédés, ses productions et ses résultats économiques.

En publiant l'ouvrage que je prépare depuis vingt années et qui a pour titre : *la France agricole*, je me suis proposé de l'esquisser à grands traits, de la faire connaître dans ses principaux détails.

Pour atteindre ce double but, j'ai divisé la France en neuf régions ayant chacune un climat spécial. Ces grandes zones ont été désignées sous les noms suivants :

1° *Région du sud* et climat provençal;
2° *Région du sud-ouest* et climat girondin;
3° *Région de l'ouest* et climat océanien;
4° *Région des montagnes du centre* et climat arvernien;
5° *Région des plaines du centre* et climat sécolonien;
6° *Région du sud-est* et climat rhodanien;
7° *Région du nord-est* et climat vosgien;
8° *Région des plaines du nord* et climat sénonien;
9° *Région du nord-ouest* et climat neustrien.

Puisse cet ouvrage être le tableau fidèle de l'agriculture de notre beau pays.

Versailles, le 10 juin 1868.

Nota. — La carte placée en tête de ce volume indique les départements qui appartiennent à la *région du sud*, caractérisée par la culture du maïs, le chêne tauzin, le chêne occidental, la culture du pin maritime, les vins que produit la vigne dans le Bordelais et les eaux-de-vie qu'on fabrique dans les deux Charentes et dans l'Armagnac.

DÉPARTEMENTS.	Super-ficie totale.	Terres laboura-bles.	Prairies natu-relles.	Vignes.	Bois.	Popula-tion.
	hect.	hect.	hect.	hect.	hect.	hab.
Ariége...............	489 387	153 600	35 889	12 753	90 935	251 850
Haute-Garonne....	628 989	364 280	42 124	52 060	92 626	484 081
Hautes-Pyrénées..	452 944	99 885	47 499	15 419	71 124	240 179
Basses-Pyrénées...	762 266	155 715	70 893	25 002	159 101	436 628
Landes.............	932 131	168 114	27 960	20 136	233 244	300 839
Gers...............	628 031	334 397	61 579	94 592	60 618	298 931
Tarn-et-Garonne..	372 016	229 863	18 750	37 967	48 984	232 551
Tarn..............	574 216	324 882	42 432	37 580	84 663	353 633
Lot-et-Garonne....	535 396	291 910	41 800	66 792	74 583	232 065
Lot...............	521 173	237 672	24 715	56 096	93 269	295 542
Dordogne.........	918 256	342 217	72 177	96 301	200 798	501 687
Charente..........	594 543	281 907	69 350	97 425	83 245	379 081
Charente-Inférieure	682 569	354 241	79 472	115 997	76 358	481 060
Gironde...........	974 032	236 724	68 291	137 706	169 638	667 193
Totaux.......	9 065 948	3 575 407	702 931	851 826	1 539 186	5 255 320

La superficie totale de la France est de 52 153 149 hectares. Les terres labourables y occupent 25 500 000 hectares, les prairies naturelles 5 159 000 hectares, les vignes 2 088 000 hectares et les bois 7 688 000 hectares. La population s'est élevée à 37 382 000 habitants. Sur les 5 255 000 habitants que possède la région du sud-ouest, on compte 3 293 000 agriculteurs.

DÉPARTEMENTS.	Chevaux	Mules et mulets.	Bêtes à cornes.	Bêtes à laine.	Porcs.	Chèvres et boucs.
Ariége............	9 897	2 055	34 339	425 798	63 499	7 921
Haute-Garonne....	19 231	8 737	36 624	497 009	91 137	3 703
Hautes-Pyrénées..	13 844	2 637	77 296	356 918	44 764	8 065
Ba-ses-Pyrénées...	29 863	4 672	148 659	562 791	93 713	13 159
Landes............	19 118	3 737	68 228	677 075	55 005	33 694
Gers..............	16 199	2 507	145 350	298 605	56 043	1 576
Tarn-et-Garonne..	9 089	2 760	69 527	225 919	32 362	850
Tarn.............	11 431	4 524	75 672	539 629	78 199	5 606
Lot-et-Garonne..	13 545	1 477	63 194	218 908	80 560	69 706
Lot..............	7 997	3 009	140 490	456 425	45 527	18 705
Dordogne.........	12 329	7 760	150 864	567 642	163 636	13 012
Charente.........	21 326	7 307	105 902	334 364	69 080	5 481
Charente-Inférieure	38 225	2 874	131 919	351 176	55 130	6 747
Gironde...........	29 836	1 433	152 257	402 753	82 297	2 965
Totaux.......	251 987	56 489	1 400 321	5 915 002	1 010 952	191 190

La France possède 2 984 000 bêtes chevalines, 328 000 bêtes mulassières, 10 215 000 bêtes à cornes, 33 510 000 bêtes à laine, 5 082 000 bêtes porcines et 1 386 000 boucs et chèvres.

LA
FRANCE AGRICOLE.

RÉGION DU SUD-OUEST

OU DU MAÏS.

CHAPITRE I.

ASPECT DE LA RÉGION.

La région du sud ouest occupe une surface considérable; elle a pour limites: au *sud*, les montagnes des Pyrénées; à l'*ouest*, l'Océan; au *nord-est*, les montagnes du Rouergue et celles de la haute Auvergne; au *nord-ouest*, le Limousin et le Poitou.

Elle comprend les départements suivants :

1° Ariége.
2° Haute-Garonne.
3° Hautes-Pyrénées.
4° Basses-Pyrénées.
5° Les Landes.
6° Gers.
7° Gironde.
8° Charente.
9° Charente-Inférieure
10° Dordogne.
11° Lot.
12° Lot-et-Garonne.
13° Tarn.
14° Tarn-et-Garonne.

Cette vaste région renferme donc les anciennes provinces ci-après :

1° Le comté de Foix,
2° Le haut Languedoc,
3° Le Béarn,
4° La Navarre,
5° La Guienne,
6° La Saintonge,
7° L'Aunis.

La région du sud-ouest est moins verdoyante pendant

l'hiver que la région du sud parce qu'elle ne renferme pas d'oliviers, et qu'elle ne possède qu'un petit nombre de chênes verts et de chênes-liéges. Néanmoins son climat est tel qu'on doit la regarder comme une contrée essentiellement agricole.

J'ai dit qu'elle était limitée au sud par les montagnes des Pyrénées, élévations qui ont 140 kilomètres de largeur, et qui se confondent pour ainsi dire avec les coteaux de l'Armagnac par des chaînes insensibles. A l'ouest, la région est séparée de l'Océan par les dunes qui s'étendent sur une longueur de 240 kilom., de Royan à Bayonne. Enfin, elle est limitée au nord par les montagnes du Périgord, du Quercy et du Rouergue.

La magnifique dépression qui sépare les Pyrénées des montagnes Noires est traversée par le célèbre canal du Midi. Les landes girondines ou du Médoc et les landes agenaises sont séparées des coteaux du Quercy et du Périgord par la belle et fertile vallée de la Garonne. Cette riche vallée occupe le centre de la région; elle est surtout verdoyante depuis l'embouchure du Lot jusqu'aux environs de La Réole (Gironde).

A côté de cette féconde contrée, se placent naturellement les riches plaines du Bas-Quercy, l'immense plaine arrosée par l'Adour, l'Estreux et les canaux d'Alaric et de l'Echez, l'éternelle verdure des pelouses du Béarn, les fraîches vallées de la Bigorre, les riants coteaux de l'Agenais, les hautes collines argileuses de l'Armagnac, le pays accidenté et fertile de la Chalosse, la vallée de l'Adour et du Gave-de-Pau, les riants vignobles du Médoc et du Fronsadais, les plaines verdoyantes de la Saintonge et de l'Angoumois, les marais de l'Aunis avec leurs canaux d'asséchement.

Si les montagnes Noires renferment çà et là des contrées arides, solitaires et sauvages, si les Landes sont tristes et calmes, la chaîne des Pyrénées offre à l'homme une nature plus sévère et plus majestueuse : ainsi, on y observe des gorges profondes dans lesquelles les *gaves* ou les torrents

Fig. 1. — Les sommets des montagnes des Pyrénées.

sont sans cesse écumeux, des cascades gigantesques, des cimes toujours neigeuses ou glacées à 2800^m au-dessus du niveau de la mer, des lacs nombreux contenant des eaux limpides et bleues, des vallées tantôt verdoyantes et fleuries, ombreuses et fraîches, tantôt glacées par les vents impétueux qui y règnent, tantôt dévastées par les pluies torrentielles qui y tombent (fig. 1).

Les plaines du Languedoc méridional, de la Gascogne orientale, de la Gascogne centrale et celles de la Bigorre présentent chaque année les plus riches récoltes. Ces riantes contrées forment un grand contraste avec les vallées froides et étroites du Quercy, les plateaux arides du Périgord, les plaines sablonneuses à sous-sol imperméable qui s'étendent dans la zone maritime de la Guienne depuis la Gironde jusqu'à l'Adour.

Les Landes girondines, adouriennes ou agenaises ont l'aspect du désert. L'œil n'y aperçoit souvent que le ciel et la nappe verte ou rose des bruyères. Cette immense surface d'une beauté monotone que rien égale et dans laquelle se complaisent les pâtres landais montés sur leurs échasses, est séparée de l'Océan par une série de collines de sable plus ou moins élevées, mais ondulées comme les vagues de la mer. C'est sur ces collines sablonneuses que Brémontier a fait naître ces magnifiques et productives forêts appelées *pignadas* qui projettent au printemps ces nuages de pollen à odeur suave que le vent d'ouest chasse au milieu des Landes, de ces espaces presque inhabités et à surface pour ainsi dire planes. Ces belles forêts fournissent annuellement les produits résineux qui s'échappent par torrents des entailles ou *cares* faites chaque année sur les vieux pins maritimes. Sans ces forêts résineuses, les dunes eussent continué leur marche envahissante vers le nord-est et compromis un jour la capitale de l'ancienne Guienne.

Si les Landes girondines et landaises sont souvent malsaines par suite des brouillards, des effluves produits par les marais et les étangs qui les séparent des dunes, les collines de la rive droite de la Garonne et les vallées des montagnes des Pyrénées, de l'Armagnac, du Quercy, etc , sont verdoyantes et habitées par des populations intelligentes, vives et robustes.

La région du sud-ouest emploie le mulet, la mule, le bœuf et quelquefois la vache comme animaux de travail; le cheval y est presque inconnu comme animal de labour. Les terres y sont labourées en billons plus ou moins larges avec des araires ayant des âges assez longs pour reposer sur le joug des bœufs. On y fertilise les terres avec du fumier, de la marne, de la chaux, du tourteau, du lupin et du trèfle incarnat. Les céréales y sont égrenées avec la gaule, le fléau, le rouleau et les pieds des chevaux ou des mules et des mulets.

Les plantes agricoles y sont nombreuses. Outre le seigle, l'avoine d'hiver et des variétés spéciales de blé, on y cultive le maïs sur de grandes surfaces. Ces diverses plantes ainsi que le chanvre, le lin d'hiver, le tabac, le sorgho à balais, y sont soutenues par des cultures fourragères bien entendues et surtout des prairies naturelles bien irriguées.

Cette région renferme de nombreux vignobles. Le Médoc et les Graves fournissent les grands vins du Bordelais si remarquables par leur brillant coloris, leur agréable bouquet et leur finesse extrême. Le Quercy produit les vins de Cahors et le Béarn des vins célèbres depuis Henri IV; ces derniers vins se rapprochent un peu des vins du Roussillon. Enfin, la Saintonge et l'Angoumois convertissent en eau-de-vie de Cognac ou des deux Charentes, les vins qu'ils recoltent. Ces eaux-de-vie ont une réputation méritée et c'est à bon droit qu'on les regarde comme supérieures quant à leur finesse aux eaux-de-vie qu'on fabrique dans les *brûleries* ou les distilleries appartenant à l'Armagnac.

Dans la zone tempérée des montagnes ou dans les plaines situées à la base de grandes élévations, la vigne est dirigée en hautains et soutenue par des arbres ou de

grands berceaux. Dans quelques plaines et sur divers coteaux elle est cultivée en *joualles* ou en ouilhères.

Les collines calcaires de l'Agenais sont couvertes d'abri
cotiers et surtout de pruniers, arbres qui fournissent les
fruits qu'on transforme en pruneaux d'Agen ou prunes
de Bordeaux.

La région du sud-ouest renferme moins de bêtes à laine
que la région du sud, mais elle possède des races bovines
qui ont une réputation méritée. On connaît depuis longtemps, en effet, les qualités spéciales des races gasconne,
garonnaise, bazadaise, landaise et béarnaise. Si les chevaux landais laissent encore beaucoup à désirer sous divers rapports, les chevaux qu'on élève dans les plaines de
la Bigorre rappellent un peu par leur légèreté, leur vigueur, leur élégance ceux qui appartenaient à l'ancienne
race navarrine.

En résumé, la région du sud-ouest est une belle contrée ; elle est située dans une zone tempérée dans laquelle
le cultivateur n'a pas à craindre les sécheresses qui arrê-
tent en été la végétation dans les plaines non arrosées de
l'Espagne, ni les froids intenses qui compromettent souvent la réussite des plantes agricoles dans les régions du
nord-est et du nord-ouest de la France.

Cette région présente, toutefois, cette particularité, qu'à
mesure qu'on s'éloigne ou des Pyrénées, ou de l'atmosphère vaporeuse de l'Océan ou des montagnes du Limousin, du Rouergue et du Quercy, l'air devient moins froid
et plus sec, et le sol moins imperméable et plus fertile.
Malheureusement sur divers points de son étendue, on y
redoute les vents impétueux du nord-ouest et des gelées
tardives vers la fin d'avril ou pendant la première quinzaine de mai, gelées qu'on attribue généralement aux dé-
boisements opérés successivement depuis plusieurs siècles
sur les montagnes des Pyrénées, de l'Armagnac, du Quercy
et du Périgord.

CHAPITRE II.

CONFIGURATION DES DÉPARTEMENTS.

Ariége. — Le département de l'Ariége occupe l'ancien *comté de Foix*, le *Mirepoix* et le *Couseran*, que comprend l'arrondissement de Saint-Girons. Il est adossé aux Pyrénées centrales et il est enveloppé de tous côtés par l'ancienne province du Languedoc.

Ce département comprend deux zones distinctes :

1º La *Haute-Ariége* ou la *partie sud*. Cette zone renferme des montagnes qui s'élèvent en amphithéâtre du nord au sud, qui sont nues ou arides, ou sur lesquelles on remarque des forêts, d'excellents pâturages ou des parties couvertes de plantes aromatiques et médicinales. Les sommets, revêtus de glaciers, et les cimes toujours neigeuses, sont en petit nombre. La plupart des vallées y sont étroites et se croisent et se bifurquent les unes dans les autres. Les vallées de l'Ariége et de Salat sont montueuses et profondes; celle de l'Ariége au delà de Tarascon est bordée de montagnes très-escarpées qui offrent de charmantes pelouses, de ravissantes solitudes et des coteaux bien cultivés.

2º La *Basse-Ariége* ou la *partie nord*, présente un vaste plateau entre la Garonne et l'Ariége. Cette belle plaine est coupée par des vallées parallèles, qui se dirigent du sud au nord et dans lesquelles il existe des alluvions fertiles et des coteaux bien cultivés. Cette zone est arrosée par un grand nombre de ruisseaux.

Les points les plus élevés de la partie sud sont : le pic de Montcalm, 3080 mètres; le pic d'Estats, 3141 mètres; le pic de Carlitte, 2921 mètres.

La partie montagneuse renferme un grand nombre d'étangs. Le plus vaste a 3 kilomètres de longueur et est situé à 2154 mètres au-dessus de la mer. On l'appelle lac de Lanoux ou *lac Noir;* il est gelé depuis le mois de septembre jusqu'en juillet.

Haute-Garonne. — Le département de la Haute-Garonne présente trois parties bien distinctes :

1° La *plaine* ou le *pays toulousain*, qui est belle et fertile;

2° Les *collines de la Montagne-Noire*, situées à l'est, et qui s'étendent de Villefranche à Villemur et séparent l'ancien comté de Toulouse du département de Tarn;

3° Les *Montagnes*, ou la partie réellement accidentée, qui commence à Saint-Martres, au-dessous de Martory, pour se continuer jusqu'à Bagnères-de-Luchon et circonscrire les paysages les plus variés, les plus pittoresques et les plus imposants. Cette partie appartient à l'arrondissement de Saint-Gaudens, et comprend le *Haut-Comminge*, de Saint-Gaudens à Bagnères, et le *Nébouzan*, de Saint-Gaudens à Boulogne; elle renferme, en effet, les plus hautes et les plus belles montagnes de la chaîne pyrénéenne, de riantes vallées, d'imposantes cascades, des lacs profonds, des forêts séculaires et sombres, des gorges profondes (fig. 2), des pics ou des sommets dentelés, sans cesse blanchis par la glace ou la neige. Les vallées de Bagnères-de-Luchon de l'Arboust, d'Oueil, sont toujours fraîches et riantes par suite de l'éternelle verdure qui les décore. La vallée du Lys est une des plus charmantes de la chaîne pyrénéenne.

Les points culminants sont : le pic du port d'Oo, le pic de Crabioules, 3119 mètres, le lac de Montarqué, le lac glacé de Portillon, 2650 mètres. Bagnères-de-Luchon est à 628 mètres au-dessus du niveau de la mer.

Hautes-Pyrénées. — Le département des Hautes-Pyrénées offre aussi trois zones; la plaine, les collines et les montagnes; il renferme, en presque totalité, l'ancienne Bigorre.

1° La partie septentrionale comprend la *plaine de Tarbes*, qui est riche, verdoyante et bien cultivée.

Fig. 2. — Une gorge dans les Pyrénées.

2° Les *collines* appartiennent aux premiers étages de la chaîne pyrénéenne et occupent une partie des arrondissements de Tarbes et de Bagnères-de-Bigorre; elles présentent des plateaux bien cultivés et des vallons très-verdoyants,

3° La *zone montagneuse* appartient à l'arrondissement d'Argelès et à celui de Bagnères-de-Bigorre; elle a de hautes montagnes sillonnées par de profonds abîmes, dominées par des monts couverts de neige et de glaciers, entrecoupées par mille vallées dont je ne puis décrire ni les beautés ni l'impression qu'elles produisent sur le voyageur. C'est surtout dans la partie la plus méridionale du département que sont situées les vallées profondes et sauvages, ou ayant pour ornement les sombres forêts de sapins. Ces vallées, comme les gorges, ont leurs escarpements hérissés de noirs rochers et elles sont parcourues par des eaux fraîches et lumineuses ou par des ondes qui bondissent d'abîme en abîme. De Saint-Gaudens à Castillon, les croupes des ravins exposés au midi sont ornées de vignes en hautains qui sont entrelacées à des érables.

Les plus belles vallées rappellent celles de la Suisse. La vallée de Campan est bien cultivée et décorée de riants paysages, de gazons émaillés de fleurs; mais, si l'un de ses versants est orné de beaux vergers, de jolies fermes qui paraissent comme suspendues dans les airs et qui sont situées au milieu de champs distribués en terrasses, son autre côté est nu et escarpé. La vallée d'Argelès est incontestablement la plus pittoresque; elle est encadrée de charmants coteaux dominés par de beaux noyers et châtaigniers. La vallée de Baréges est aussi bien belle, mais elle est moins intéressante, sous tous les rapports, que les vallées de Lavedan, d'Argelès, d'Azun, de Lourdes, etc.

Les points culminants sont : le Vignemale, 3368 mètres, le pic de Marmuret, 3188 mètres, le pic du midi de Bigorre, 2925 mètres. Les derniers villages sont situés à une grande hauteur : Gèdre, bourg de 1010 habitants, est à 920 mètres, Gavarnie, commune de 331 habitants, à 1109 mètres, et Héas, village de 90 habitants, à 1480 mètres. Gavarnie est dominé par le pic Piméné dont le sommet est à 2863 mètres au-dessus du niveau de la mer.

Les montagnes renferment de belles forêts, des pâturages étendus et très-verdoyants pendant la belle saison, parce que souvent les brouillards y voilent la pureté de l'atmosphère et y font pâlir la lumière. La vallée de Lourdes est ornée de belles vaches et celle de Campan

Fig. 3. — La plaine de Tarbes.

fabrique du beurre excellent qu'on exporte dans les départements du Gers, des Landes et de la Haute-Garonne; celle de Luz est très-riante.

Les belles prairies, qu'arrosent les eaux bondissantes de l'Adour dans la plaine de Tarbes (fig. 3), fournissent le foin qui alimente la plupart des chevaux appartenant à la race de Tarbes.

Basses-Pyrénées. — Le département des Basses-Pyrénées comprend l'ancien *Béarn*, le *pays des Basques*, la *Soule de Gascogne*, la *basse Navarre* ou la *Navarre française* et la *terre de Labour*. Il renferme aussi des plaines, des collines et des montagnes qui s'élèvent vers les frontières de l'Espagne et qui s'abaissent vers le golfe de Gascogne.

1° Les *plaines* sont tantôt fertiles et arrosées par les eaux des gaves ou des torrents, tantôt arides et sauvages ou marécageuses comme les landes ou *touyas* de Pont-Long;

2° Les *coteaux* sont comme ceux de Jurançon, couverts de beaux vignobles, et les collines sont séparées par des vallons très-agrestes;

3° La *partie montagneuse* est aussi très-mouvementée, mais on n'y observe pas de neige pendant la belle saison. Les charmantes vallées qu'elle renferme forment un curieux contraste avec les sommets des montagnes où l'on ne voit nulle verdure, nul être animé, sauf l'ours ou l'isard, avec ces gorges profondes où les sapins se touchent par leurs extrémités, dans lesquelles mugissent souvent des rafales violentes, où se répercutent les chants des bergers, avec ces élévations couronnées de bois ou ornées de belles forêts résineuses ou de hêtres.

La partie centrale des montagnes est richement peuplée. C'est là où est située la vallée d'Ossau, l'une des plus belles des Basses-Pyrénées et si heureusement décrite par M. Duruy : « Rien n'est charmant comme ce vert et frais pays. Les grandes montagnes s'écartent pour un moment, et les collines mamelonnées descendent jusqu'à la petite plaine que le Gave arrose de ses eaux limpides. Sur les collines s'étendent de gras pâturages émaillés de belles vaches qui vous regardent passer de leur œil tranquille et doux. La plus forte ou la plus sage porte au cou une clochette qui conduit tout le troupeau, et dont les sons argentins jettent mille vagues harmonies dans cette calme nature. » Après cette belle vallée viennent celles du gave d'Aspre, de Mauléon, de la Nive, etc.

Les points les plus élevés sont : le pic du midi d'Os, sau, 2885^m; le pic du Gers, 2613^m; le pic d'Aspe, 2500^m. Le coteau de Jurançon a une altitude de 338^m, et comme dans les Hautes-Pyrénées, la zone culturale ne dépasse pas 1500^m.

Généralement, la culture est moins prospère dans les arrondissements de Bayonne et d'Oleron que dans ceux de Pau, Orthez et Mauléon. Il existe des marais à Saint-Dos, Auterive, Aribourdès et Pala.

Landes. — Le département des Landes est très-étendu; il comprend trois parties bien distinctes : les landes, les dunes et la Chalosse.

1° Les *Landes* se divisent en deux parties : 1° Les *grandes Landes* situées au nord-ouest de la ligne qui réunit Bayonne à Mont-de-Marsan en passant par Dax, et qui renferment la contrée que l'on nomme le *Maransin*, ou partie située entre la route impériale de Bordeaux à Bayonne et les dunes; 2° les *petites Landes* qui occupent la partie nord-est de l'arrondissement de Mont-de-Marsan.

Cette vaste contrée est peu mouvementée, et son point le plus élevé est situé à 146^m au-dessus de la mer; c'est une véritable plaine ondulée par quelques collines peu élevées et couverte de bruyères et d'ajoncs, de sombres forêts de pins maritimes, de chênes-liéges, utilisée par la culture du seigle, du millet ou du maïs. C'est au milieu de ces landes tristes et monotones que vivent les troupeaux confiés à des bergers montés sur des échasses (fig. 4).

Les parties encore incultes constituent une immense solitude, un océan sans rivage, une plaine sans horizon dans laquelle on n'entend seulement pendant l'été que les cris de la cigale.

Le Maransin est traversé par de petites rivières qui aboutissent à de nombreux étangs dont plusieurs sont ornés de villages, de forêts de pins on *piñadas* et réunis par des canaux. L'étang de Cazau a 5712 hectares de superficie.

Fig. 4. - Les Landes de la Gascogne.

2° Les *dunes*, ou montagnes de sable ayant jusqu'à 80 mètres de hauteur, occupent le littoral sur une largeur de 2 à 8 kilomètres; elles forment une série de collines séparées par des vallons appelés *Lettes* et dans lesquels il existe des marécages ou parfois de véritables abîmes. Ces dunes ont été fixées par le pin maritime.

3° La *Chalosse*, qui est la partie la plus fertile des Landes, est située entre l'Adour et le Gave de Pau. Elle comprend des coteaux et des plaines ayant en moyenne de 50 à 80 mètres d'élévation et qui appartient à l'arrondissement de Dax. Son aspect est pittoresque. On y cultive le froment, le maïs et la vigne.

Il y avait autrefois beaucoup de marais dans le département des Landes, mais depuis vingt ans, on a desséché les terrains marécageux qui étaient situés à Saint-Paul-les-Dax, Saint-Vincent-de-Xaintes, à Orx et à Saint-Julien.

Le vieux Boucau et le Cap-Breton sont les seules communes qui soient situées sur le rivage, à 5 et 10^m au-dessus du niveau de la mer.

L'arrondissement de Mont-de-Marsan renferme dans sa partie Est une portion de l'ancien Condomois.

Gers. — Le département du Gers comprend l'*Armagnac* qui s'étendait des rives de la rivière du Rals qui coule à l'est aux rives de l'Adour, l'*Estarac* qui occupe la partie sud, une partie du *Condomois*, près du département du Lot-et-Garonne, une partie de la *Lomagne*, près du Tarn-et-Garonne, et une partie du *Bas-Comminges*, près de la Haute-Garonne.

Ce département est entièrement montagneux et est disposé en amphithéâtre qui se réunit aux montagnes des Pyrénées. Ces collines vont donc en s'abaissant du sud au nord et au nord-ouest. Leur point de départ est le plateau caillouteux et peu fertile de Lannemezan situé dans le canton de Bagnères-de-Bigorre à 610 mètres d'altitude. Le point le plus élevé du département du Gers, le mont d'Astarac, ne dépasse pas 390^m. Toutes les élévations offrent des collines, des gorges et des vallées étroites qui presque toutes se dirigent du sud au nord.

L'Armagnac comprend le *Haut-Armagnac* : Vic-Fézensac, Fleurance, Auch, Mauvesin; le *Bas-Armagnac* : Nougaro, Riscle, Eauze.

De nos jours, on désigne la partie située entre Eauze et Montréal sous le nom de *Tenarèze*. Cette contrée produit les eaux-de-vie qu'on appelle *eaux-de-vie de Tenarèze*.

Les *coteaux du Bas-Armagnac* avec leur constitution argileuse pénètrent dans le département des Landes.

Tarn-et-Garonne. — Le département de Tarn-et-Garonne comprend la *Lomagne*, sur la rive gauche de la Garonne, une petite partie du *Languedoc* entre Grisolles, Castel-Sarrazin, Montauban et Montclar et une partie du *Bas-Quercy*, sur les autres points.

La partie traversée par la Garonne est une vallée d'une grande fécondité. Montauban, où aboutissent les vallées du Tarn et de l'Aveyron, est situé au milieu d'une magnifique plaine. Ces vallées et celles qu'on observe sur les autres points du département sont séparées par des plateaux fortement inclinés sur la rive droite de la Garonne du nord-ouest au sud-ouest et appartenant aux dernières collines du Haut-Quercy.

L'élévation des plateaux ne dépasse pas 350 à 400^m au-dessus du niveau de la mer. Le Pech-Maurel, à l'est du département, a par exception, 502^m d'altitude.

La partie située au sud-ouest de la Garonne présente une chaîne montagneuse formée par les fertiles coteaux du Gers et au milieu desquels est située la fertile et délicieuse vallée de Beaumont-de-Lomagne.

Les coteaux d'un grand nombre de vallées sont ornés d'arbres fruitiers et de vignes.

Tarn. — Le département du Tarn appartient au *Haut-Languedoc;* il renferme le *pays d'Albi* ou l'*Albigeois*, le *pays de Castres* ou *Castrais* et le *pays de Lavaur*. La partie située entre Roquecourbe et Brassac, sur les rives de l'Adour, est désignée de nos jours sous le nom de *Sidobre*.

Ce département comprend des plaines, des vallées, des coteaux, des plateaux et des montagnes. Les plaines d'Albi, de Revel et de Castres sont fertiles et bien cultivées. La plaine de Castres est dominée par les collines de Puy-Laurens, de Lautrec, de Réalmont et de Graulhet. La vallée de l'Agout, du Tarn, de l'Isle, de Rabastens et de Lavaur, les vallons de Mazamet, de Labruignière et d'Aiguefonde sont verdoyants, productifs et pittoresques.

Les montagnes offrent trois chaînes : celle du sud qui appartient aux Montagnes-Noires dans lesquelles plusieurs plateaux granitiques offrent au milieu des terres labourables des rochers ayant des aspects bizarres; celle des monts de Lacaune situés à l'est, et qui appartiennent aux montagnes des Cévennes; celles du nord qui se rattachent aux montagnes de l'Auvergne.

Les plaines d'Albi et de Castres sont situées à 165^m au-dessus du niveau de la mer. Le roc du Montalet dans la montagne de Lacaune, a 1256^m et le plateau de Noîre dans les Montagnes-Noires, près du département de l'Hérault, a 1210^m.

Généralement les plaines sont bien cultivées; on y voit de magnifiques cultures de blé, de lin, de chanvre, d'anis, de coriandre. Les vallons des plaines et des montagnes offrent de belles prairies souvent ornées de peupliers, d'aunes ou de saules, et les coteaux présentent des châtaigniers, des cerisiers, des pruniers et de la vigne. La Montagne-Noire est la partie la plus pauvre.

Lot. — Le département du Lot renferme le *Quercy* que la rivière du Lot divise en *Haut-Quercy* et *Bas-Quercy*.

Ce département est accidenté et incliné dans la partie nord vers la Dordogne et dans les autres parties vers le sud-ouest.

La *zone de l'est* est hérissée de hautes montagnes granitiques ou chisteuses aux flancs escarpés et entre lesquelles il existe des ravins profonds. Cette partie renferme des marais et des landes et de nombreux torrents. La *zone du centre* présente de vastes plateaux calcaires appartenant à des collines dirigées dans tous les sens. Cette partie possède quelques vallons profonds à aspects variés dans lesquels coulent le Lot, la Dordogne, etc., et de nombreu. bassins sans issues. La *zone de l'ouest* est la moins accidentée et la plus fertile.

L'élévation la plus élevée est la Bastide du Haut-Mont, près du département du Cantal; elle a 700ᵐ et permet d'apercevoir le Puy-de-Dôme et les Pyrénées. Les plateaux ont en moyenne 450ᵐ et les vallées du Lot et de la Dordogne ont seulement 200ᵐ.

Les vallées de Cornac, de Bouquet, de la Dordogne, de la Tourmente, la plaine de Vayrac et les marais de Bonafous, Latronquière et Marynhac, ont été desséchés entièrement ou en grande partie.

Les cultures du département sont intéressantes. Dans les montagnes situées à l'est, où il existe de nombreux pâturages, on élève beaucoup d'animaux; sur les plateaux on cultive le froment, le maïs, la vigne, etc. La culture du tabac est principalement suivie dans les vallées de la Cère, de la Dordogne et du Lot.

Lot-et-Garonne. — Le département du Lot-et-Garonne appartient à l'ancienne Guyenne; il comprend l'*Agenais* dans la partie située sur la rive droite de la Garonne et il renferme sur la rive gauche une partie de la *Lomagne*, une portion du *Condomois*, dans l'arrondissement de Nérac et la partie sud-est du *Bazadais*.

Ce département ne renferme pas de montagnes, mais il possède deux vallées importantes : la vallée de la Garonne, la plus belle de France, dont les plantureuses récoltes attestent un sol fertile et une habile culture; la vallée du Lot, bien moins fertile, surtout à Clairac. Les coteaux de la vallée de la Garonne présentent de belles cultures fruitières; ceux de la vallée du Lot sont à pente souvent trop rapide pour qu'ils soient ornés de vignes ou d'arbres fruitiers. Nonobstant, dans ces belles vallées, les nappes ondoyantes des céréales alternent avec le tabac, le chanvre, le maïs et les prairies artificielles.

La partie située à gauche de la Garonne offre des cultures moins brillantes, mais on parcourt néanmoins avec intérêt les gracieux vallons de la Bayse et du Dropt. Les arrondissements de Nérac et de Marmande renferment des landes et des marais offrant à l'horizon quelques bois résineux et des chênes-liéges. Les marais situés sur les bords de la petite rivière l'Avance sont regardés comme pestilentiels. Toute cette partie du département est triste et habitée par une population pauvre. Quand possédera-t-elle des prairies aussi verdoyantes que celles qu'on admire dans la vallée de la Garonne et que décorent de magnifiques saules ou des peupliers?

Dordogne. — Le département de la Dordogne renferme l'ancien *Périgord* qui se divise en deux parties : le *Haut-Périgord* qui comprend les arrondissements de Nontrond, Périgueux et Riberac; le *Bas-Périgord* qui contient ceux de Sarlat et de Bergerac.

Ce département est couvert de nombreux coteaux et sillonné de profondes vallées. La vallée de la Dordogne est étendue et fertile, celle de la Vezère est très-pittoresque, celle de l'Isle est la plus vaste et la plus productive, celle de la Dronne offre de magnifiques paysages.

La *partie septentrionale* est la plus boisée. Elle offre des plateaux arides, des centres sauvages, des rochers qui attristent, des landes et des bruyères coupés par les vallons resserrés de la Done, du Bandiat, de la Colle, de la Valouze. On y entretient beaucoup de bêtes à cornes et on y cultive le seigle, l'orge et le sarrasin. Les châtaigniers et les noyers y sont répandus. On y voit aussi des collines stériles couvertes de forêts de pins entrecoupées de vallons avec étangs et marais qu'on appelle *nauves*. Ces parties sont froides, la terre y est humide et les prairies souvent marécageuses.

La *zone du sud-est*, qu'on appelle *Périgord noir*, est située dans l'arrondissement de Sarlat; elle comprend des vallées étroites et profondes, des collines couvertes de châtaigniers et de terres incultes.

La *partie sud* possède peu de bois, peu d'eau et de prairies, mais on y cultive le maïs, le froment, la vigne et on y fabrique de l'eau-de-vie. La *partie ouest* produit aussi des grains et des vins.

Les plus hautes chaînes montagneuses de l'arrondissement de Sarlat sont situées près de Daglan et de Domme; elles se rattachent aux montagnes du Haut-Quercy, mais elles ne dépassent pas 200ᵐ de hauteur. Celles qu'on rencontre dans le canton de Saint-Pardoux-la-Rivière au nord du département ont une altitude de 454ᵐ.

La partie comprise entre la Dronne et l'Isle et située entre la Roche-Chalais, Saint-Aulaye, Saint-Vincent et Mussidan dans l'arrondissement de Riberac, est connue sous le nom de *la Double*. Cette contrée renferme des vallons fertiles, de belles prairies, des coteaux couverts de vignes, d'arbres fruitiers et d'arbres forestiers, à côté de terrains pauvres et marécageux, où les populations sont décimées par des fièvres paludéennes.

Charente. — Le département de la Charente comprend l'*Angoumois* et une partie de la *Saintonge*.

La *zone du nord-est* renferme des collines de hauteurs à peu près égales; elle est tardive. On y cultive du seigle, du froment et du sarrasin. Cette contrée offre des châtaigniers, des parties boisées, des terres incultes et de nombreux étangs.

La *zone du centre* ou bassin de la Charente est calcaire. Elle offre de beaux sites sur le bord de la Tardoire, de la Boëme et de la Rouvre. La vallée du Bandiat est aussi très-riante. C'est dans cette partie qu'est situé à l'ouest de Cognac le vignoble de *la Champagne* si renommé par ses eaux-de-vie.

La *zone sud* comprend les bassins de la Dronne et du Lary et elle est occupée par l'arrondissement de Barbézieux, la partie la plus tempérée du département. Cette zone renferme de beaux sites; si on y rencontre des landes ou

brandes et des *piñadas*, par contre on y voit de belles cul
tures de céréales et de vignes.

Si les collines s'élèvent du nord au sud-est le long de
la Vienne elles s'abaissent dans la direction de la Charente vers la Charente-Inférieure. Leur point le plus élevé
est le Puy-Fragnioux (343 mètres).

La partie appelée *grande Champagne* est située sur les
confins de l'arrondissement de Jonzac; elle comprend un
grand nombre de communes appartenant aux cantons de
Ségonzac et de Châteauneuf. La *petite Champagne* est
située entre la Charente et la grande Champagne. La
partie appelée *pays de bois* occupe la rive droite de la
Charente ou les environs de Cognac.

La forêt de Cognac et surtout celle de Braconne sont
importantes.

Il existe dans le département deux marais dans lesquels
on extrait de la tourbe comme combustible.

Charente-Inférieure. — Le département de la Charente - Inférieure comprend l'*Aunis* et une partie de la
Saintonge.

Il présente des coteaux, des plaines élevées, des plaines
basses ou marais et des dunes.

La *zone nord-ouest* est la *région des marais* qu'on rencontre à La Rochelle, à Marennes, à Brouage et à Rochefort. Ces marais ont une étendue de 20 000 hectares; leur
aspect est monotone. Ils sont limités sur le bord de la
mer soit par le rivage, soit par des dunes, soit par des
falaises. Cette zone renferme l'arrondissement de Saint-
Jean-d'Angely dans lequel existent des terrains marécageux.

La *zone du centre* ou l'arrondissement de Saintes offre
quelques collines et elle est traversée par la fertile et pittoresque vallée de la Charente. Cette partie est presque
dépourvue d'arbres; on n'y voit que des vignes, des céréales
et des prairies artificielles. Les vignes servent à l'alimentation d'un grand nombre de brûleries.

La *zone du sud* ou l'arrondissement de Jonzac renferme

de bonnes terres labourables, des terrains pauvres, des landes couvertes de bruyères, des bois et de nombreux vignobles.

Le point le plus élevé du département ne dépasse pas 167 mètres.

L'île d'Oleron et l'île de Ré appartient au département de la Charente-Inférieure. La dernière renferme des marais desséchés bien cultivés.

Gironde. — Le département de la Gironde appartient à la *Guienne* et renferme le *Bordelais*, le *Bazadais;* il est traversé par la Garonne, la Dordogne et la Dronne; on y rencontre des plaines, des landes, des marais, des palus, des collines et des dunes. Il comprend six zones bien distinctes:

1° La *zone du sud* contient les *graves* qui produisent les vins blancs et le Bazadais, petit plateau coupé du sud-ouest au nord-est par des vallons arrosés. Cette zone renferme les *Landes de Bordeaux* qui sont arides, monotones, brûlées en été par le soleil et humides en hiver.

3° La *zone nord-ouest* comprend le *Haut-Médoc* et le *Bas-Médoc*, qui s'étendent de Bordeaux à l'Esparre, entre la Gironde et les dunes. La *pointe des Graves* située entre l'Esparre et Soulac à l'embouchure de la Gironde, était désignée autrefois sous le nom de *petite Flandre.*

4° La *zone nord-est* occupe une grande étendue et est située sur la droite de la Garonne. Elle comprend l'*entre deux mers*, plateau peu élevé, ondulé ou coupé de nombreux vallons et situé entre la Garonne et la Dordogne; à la jonction de ces deux rivières il existe une plaine fertile que l'on appelle plaine du bec d'Ambès. Cette zone est limitée près de la Saintonge par le *Blayais*, contrée qui offre des coteaux couverts de vignobles, près du Périgord et de l'Agenais par des collines sur lesquelles existe aussi de la vigne. Le *Fronsadais* est la partie qui est occupée par les vignobles de Fronsac et de Saint-Émilion; il offre aussi des landes et des parties boisées.

5° La *zone des palus et des marais* est située sur les bords de la Garonne et de la Gironde. Les marais couvrent 21 848 hectares; ils enveloppent en partie Bordeaux.

6° La *zone des dunes* s'étend depuis la petite Flandre jusqu'au département des Landes; elle constitue une chaîne de collines successives couvertes de pin maritime et dans lesquelles il est dangereux de s'engager sans guide à cause des *lettes* ou parties marécageuses sans fond et souvent couvertes de gazon, qui existent dans les vallées. Ces dunes sont limitées à l'intérieur par les magnifiques étangs de Hourtin (3600 hectares) et de Lacanau (2000 hectares).

Quoi qu'il en soit, le département de la Gironde est une belle et riche contrée. Si la grandeur sauvage des landes impressionne vivement, si on est attristé à la vue des nombreux marais malsains qu'il renferme, on ne peut oublier que ses sombres forêts, qui fixent les dunes, sont dues au génie de Brémontier, que le bassin d'Arcachon est très-pittoresque, que le Médoc offre pendant l'été le plus charmant coup d'œil que puisse offrir une plaine couverte de vignes basses et en treilles au-dessus de laquelle on contemple de gracieuses habitations, des paysages accidentés et une riante et fertile campagne.

CHAPITRE III.

NATURE DES TERRAINS.

La région du sud-ouest renferme tous les terrains qui appartiennent au domaine agricole. Ainsi, on y rencontre des alluvions plus ou moins sablonneuses et graveleuses, des alluvions argileuses d'origine fluviale ou marine, des terres sablonneuses, des sols argilo-siliceux, argilo-calcaires, des terrains granitiques et schisteux et des sols tourbeux. Tous ces terrains sont tantôt perméables, tantôt imperméables, suivant la nature de leur sous-sol.

Ariége. — Les terrains du département de l'Ariége sont très-variés. Ceux de l'arrondissement de Saint-Girons sont argilo-calcaires ou calcaires-argileux, ou alluvionneux. C'est par exception qu'ils sont granitiques dans les cantons de Guerigut, d'Ax, de Cabannes et de Vicdessos. Ils sont çà et là crayeux, grésifères ou granitiques dans l'arrondissement de Foix. Enfin, les arrondissements de Pamiers et de Mirepoix renferment principalement des sables, des terres argilo-siliceuses, des terrains argilo-calcaires ou *terres-forts* et des terrains d'alluvion de bonne qualité. Les *terres-forts* reposent sur un sous-sol marneux.

Les coteaux de l'arrondissement de Pamiers sont à base calcaire.

Haute-Garonne. — Les terres de la plaine de Toulouse sont d'excellentes alluvions de la Garonne ; elles sont fertiles, profondes et renferment plus ou moins de graviers ou de cailloux roulés. Les mêmes terrains occupent aussi les plaines ou le fond des vallées des arrondissements de Muret, de Villefranche et de Saint-Gaudens.

On trouve des terres calcaires dans les cantons de Saint-Bertrand, Aspet, Saint-Girons qui sont situés dans les montagnes à la base des grandes élévations. Les cantons de Saint-Béat et de Bagnères-de-Luchon renferment principalement des terres schisteuses ou granitiques.

On désigne dans le département sous le nom de *terres-forts*, des alluvions argilo-calcaires très-favorables aux blé, maïs, fèves et trèfle et situées dans les plaines de Toulouse, de Villefranche et diverses vallées de l'arrondissement de Saint-Gaudens ; sous celui de *terres bâtardes*, des sols argileux un peu plastique ; sous la dénomination de *boulbènes*, des terrains silico-argileux. Les boulbènes sont *légères* ou *graveleuses* selon qu'elles renferment davantage de sable et de galets ou de cailloux roulés. Les boulbènes argileuses sont froides, les pluies les détrempent et la chaleur les durcit.

Hautes-Pyrénées. — Les terrains situés dans la partie septentrionale du département sont argilo-calcaires ferrugineux, profonds et fertiles. Le sol de la plaine de Tarbes est un sable gras très-productif ; il repose sur un sous-sol composé en grande partie de cailloux roulés alliés à une plus ou moins grande quantité d'argile.

Les terres des plateaux sont argileuses; elles sont situées sur des marnes calcaires, sur une roche de grès ou sur une argile imperméable. Les coteaux de la zone inférieure des montagnes sont souvent calcaires. On y voit de beaux vignobles et des arbres fruitiers vigoureux.

Les parties élevées, les cantons de Luz, d'Ancizan, d'Argelès renferment des terrains schisteux et des sols granitiques. Les vallées de ces contrées montagneuses présentent souvent des alluvions profondes, fertiles et faciles à cultiver.

La vallée de Luz (fig. 5) est pittoresque; on y observe de verdoyantes prairies décorées par de beaux peupliers d'Italie.

Basses-Pyrénées. — Les vallées offrent de riches alluvions. Celles du Gave près de Bayonne sont désignées sous le nom de *Barthes*. Ces terrains sont silico-argileux ou argilo-siliceux avec galets plus ou moins nombreux; ils reposent sur un sous-sol graveleux perméable.

L'argile prédomine sur la plupart des coteaux qui sont calcaires ou crétacés et qui ont un sous-sol marneux.

Les terrains schisteux sont très-répandus dans la partie montagneuse, sauf sur les crêtes occidentales qui sont calcaires. Les terrains granitiques sont communs dans les parties situées au-dessus des vallées de la Bidassoa et de la Nive.

Landes. — La Chalosse située entre Saint-Sever, Dax et Orthez, renferme de bonnes terres calcaires, souvent rougeâtres et à cailloux roulés. Les parties voisines de l'Adour présentent des terrains gráveleux ou siliceux, situés sur des bancs puissants de marne. Les terrains situés sur les bords de la Douze sont siliceux et reposent sur des marnes calcaires.

Toutes les terres situées au nord-ouest de la Midouze, rivière qui passe à Mont-de-Marsan, sont purement sablonneuses; elles occupent les grandes landes, les petites landes et le Maransin; elles sont formées de particules

Fig. 5. — La vallée de Luz.

siliceuses et de quelques coquilles alliées souvent mais superficiellement à des matières organiques acides ou à un véritable terreau de bruyère. Ces sables reposent sur un sous-sol de même nature, plus ou moins graveleux mais blanchâtre ou jaunâtre, au-dessous duquel est située une sorte de poudingue siliceux ferrugineux que l'on nomme *alios* et qui forme une sorte de banc complétement imperméable à l'eau. Ce véritable sous-sol inerte repose ordinairement sur une terre calcaire ou sur des bancs de pierres coquillières. Cette vaste plaine de sable est située à 20^m au-dessus du niveau de la mer; elle est sèche, aride l'été et très-humide pendant l'hiver.

Les marais, situés près de Dax et d'Orx, sont à fond argileux.

Quant au Cap-Breton, Vieux-Boucaut, Messanges, ils sont situés au milieu des dunes.

Les dunes, ou montagnes de sable quartzeux presque pur, sont brûlantes superficiellement pendant l'été, mais par suite de la capillarité qui s'y manifeste très-facilement, elles ont intérieurement toute la fraîcheur qui est nécessaire aux végétaux qui y croissent naturellement ou qu'on y cultive.

Gers. — Le sol des vallées est argilo-siliceux ou silico-argileux. Dans toutes les vallées, sauf les vallons de l'Adour et de l'Arros, la rive droite des rivières est calcaire et la rive gauche est argileuse. Enfin, le noyau des coteaux est ordinairement formé d'une masse assez compacte argilo-calcaire et imperméable que l'on nomme *tuf*.

Lorsque l'argile domine dans un terrain, on désigne ce dernier sous le nom de *boulbée, argelo, terro boulbeno* ou *boulbènes*. Quand la terre est silico-argileuse, on l'appelle *terro hort*.

Généralement, le sol calcaire et rougeâtre des coteaux ou des *causses* repose sur une argile blanche ou jaunâtre; les terres argileuses ont pour sous-sol des bancs argileux ou glaiseux séparés par de légères couches de sable ou de tuf appelé *terre bouc*.

Les terres de landes ou couvertes de bruyère et qu'on nomme *terres lanives*, sont grisâtres, légères et froides au printemps, parce qu'elles sont alors humides, et brûlantes durant l'été, par suite de l'action qu'y exercent les grandes chaleurs.

C'est accidentellement que le tuf apparaît à la surface des terres labourables.

Tarn-et-Garonne. — Le sol des vallées de la Garonne et du Tarn est une riche alluvion plus ou moins argileuse ou sableuse. Les terres des hautes plaines des vallées du Tarn et de la Garonne sont argilo-calcaires à sous-sol sablonneux, argilo-siliceuses ou cailloux. Le sol arable des renflements de la vallée de l'Aveyron est argilo-siliceux micacé de couleur jaune brun.

Les terres situées entre Montauban, Castelsarrasin et Moissac sont des *boulbènes graveleuses;* elles renferment quelquefois de *l'alios.* On y voit çà et là de très-belles cultures et des vignobles productifs.

Tarn. — Le département du Tarn possède des terres labourables très-variables quant à leur nature et leur fécondité.

Elles sont schisteuses, granitiques, ou appartiennent au grès rouge dans la Montagne-Noire et au nord-est du département ; elles sont granitiques dans le Sidobre, alluvionneuses, fertiles dans les vallées et les plaines, et calcaires ou argilo-calcaires sur les coteaux. Les *boulbènes* des plaines ou les terres argilo-siliceuses renferment plus ou moins de cailloux roulés.

Les terres argilo-calcaires du pays Castrais sont désignées sous le nom de *fromental* ou *terre-fort.* Les alluvions grasses de l'arrondissement de Gaillac sont dites *terres bâtardes.* Les terres sableuses sont connues sous le nom de *terres lisses.*

En général, les terres des vallons et des vallées, des plaines et des coteaux sont de bons terrains agricoles. De Gaillac à Albi et de Lavour à Castres, les terres sont siliceuses ou graveleuses et d'excellente qualité. Les terres des montagnes granitiques de Lacaune ne sont pas très-fertiles, excepté dans les vallons.

Lot. — Le département comprend cinq sortes de terres :

1º Les *terres granitiques*, qui sont situées à l'est et qu'on appelle *chataignals* ou *granitelles* dans le Quercy ; elles sont communes sur la côte du Lot, aux environs de Rubin, Boisse et Noillac.

2º Les *terres schisteuses*, qui sont répandues à Livernon, Capdenac, Cambe et Saint-Hilaire.

3º Les *terres calcaires*, qui sont situées au centre. On rencontre des terres calcaires pauvres entre Figeac, Villeneuve et Cahors, et des terres crayeuses à Gramat, Marcillac, Cahors et Grialon. Les terres calcaires pierreuses sont appelées *trancades*, et les sols silico-calcaires graveleux sont connus sous le nom de *causses pierreux*. Tous les plateaux calcaires y sont connus sous le nom de *causses*.

4º Les *terres argileuses*, qui sont répandues à Puy-la Rogne, Montalza, Anglars, entre Cahors, Souillac et Montauban.

5º Les *terres sableuses et caillouteuses* qu'on rencontre à Gourdon, Soulommès, Vésirac et Pont-l'Évêque. On voit aussi des *terres graveleuses caillouteuses* à Senailhac, Duravel, Marnhac, Nuzejouls et Blanc-Saint-Félix ; ces terres sont favorables au seigle. Les terres ocreuses ou terres métalliques qu'on observe aux environs de Gourdon, Souillac et Cressensac sont utilisées avec succès par la culture du haricot. Les terres de landes sont appelées *cévennes*.

Généralement, les terres d'alluvion existent au sud et au nord du département.

Lot-et-Garonne. — Le sol de la vallée de la Garonne y est aussi argilo-siliceux et très-fertile par suite des débordements accidentels de cette rivière. On observe les mêmes faits dans la vallée du Lot.

Les coteaux de l'Agenais sont calcaires ; ils renferment

des silex, des hélices et des limenées, parce qu'ils appartiennent à la formation d'eau douce. On y trouve aussi des marnes un peu schisteuses.

Les parties du Haut-Agenais renferment des argiles tenaces colorées par l'oxyde de fer.

Les landes qu'on remarque dans la partie ouest du département sont de même nature que les terres de bruyères du département des Landes.

Dordogne. — Le sol des vallées de la Dordogne est profond, plus ou moins sablonneux et pierreux.

Au nord du département, les terres labourables sont silico-graveleuses, silico-argileuses, sablonneuses ou grésifères, légères, brunes, sans adhérence, humides pendant l'hiver et sèches pendant l'été; au sud, elles sont argilocalcaires ou calcaires-argileuses, sèches et pierreuses; à l'ouest, elles sont calcaires, crayeuses, blanchâtres, d'une culture assez difficile.

Les coteaux suivant les arrondissements sont argileux, sablo-argileux et calcaires. Dans le premier cas comme sur les plateaux à terres argileuses, le sous-sol est formé par une argile ocracée plus ou moins sableuse; dans le second, c'est ou la roche calcaire ou l'argile plastique qui forme la couche inférieure.

Les terres granitiques ou schisteuses n'existent que sur les confins de l'arrondissement de Nontron. Généralement, il y a beaucoup de rochers calcaires apparents et très-peu de roches granitiques en saillie.

Le sous-sol des terres sablonneuses, argileuses et graveleuses, est à base de calcaire avec pierre à fusil. De Gourdon (Lot) à Nontron, en passant au nord de Périgueux, le sol est calcaire et renferme des gryphées arquées.

Charente. — Les deux tiers des terres labourables du département de la Charente sont calcaires et sèches. Ce sont les *terres franches*, les *varennes* ou les *groies vives* qui les constituent. Les varennes sont des terres siliceuses plus ou moins argileuses ou graveleuses; les groies vives sont des terres calcaires plus ou moins pures ou pierreuses. Ces terrains sont appelés *terres chaudes*.

La Champagne a des terres argilo-calcaire, argilo-siliceuse à sous-sol calcaire ou de craie; ces terrains sont grisâtres ou blanchâtres.

Les terres de la partie nord-est dans l'arrondissement de Confolens sont granitiques ou argilo-siliceuses. Ces terrains produisent du seigle, du sarrasin et des pommes de terre; elle sont froides et humides.

Charente-Inférieure. — Le département de la Charente-Inférieure renferme des terres variées.

Les vallées sont recouvertes par des alluvions plus ou moins fertiles, les collines et les plateaux par des terres silico-argileuses on silico-calcaires qu'on nomme *varennes*, ou par des terres très-calcaires ou crayeuses qu'on appelle *groies*. Ces deux derniers terrains occupent les deux tiers du département. La Champagne a un sol calcaire qui repose sur un sol tuffeux tendre appelé *bauche*. Les collines au sud-est de Jonsac sont graveleuses et quartzeuses.

Les terres des marais situés sur le littoral de Marans à Marennes sont des alluvions marines ou des argiles bleues ou noirâtres appelées *bri*. Ces terres limitent les marais que l'on appelle *lais de mer*.

Enfin, les dunes situées sur le rivage sont des collines de sable en partie couvertes par des pins maritimes.

Gironde. — Le département de la Gironde renferme sept sortes de terres.

1° Les *terres d'alluvion* ou *palus* qui sont situées sur les rives de la Garonne, de la Dordogne et de la Gironde, ou qui couvrent les marais desséchés aux environs de l'Esparre; 2° les *terres fortes argilo-calcaires*, pierreuses et souvent ocracées qu'on rencontre sur les pentes des coteaux du Blayais et du Fronsadais; 3° les *terres calcaires* qui couvrent les plateaux; 4° les *terres douces* ou silico-argileuses fertiles qui sont assez communes entre la Garonne et la Gironde, et dans la partie traversée par l'Isle; 5° les *terres graveleuses* ou *graves* qui sont composées de gros sable, d'argile, de cailloux roulés et qui reposent soit sur une couche argileuse, soit sur l'*alios* dans le Médoc et les Graves; 6° les *terres sablonneuses* qui sont presque improductives et qui occupent les landes du Bordelais; 7° les *terres bâtardes* ou argilo-siliceuses qu'on rencontre dans les parties où il existe des marais; 8° les *sables* qui constituent les dunes situées sur le rivage de la mer; 9° la *tourbe*, qui occupe le fond d'anciens marais et qui est fortement colorée par l'oxyde de fer.

L'alios est comme dans les Landes, composé de parties sablonneuses aglutinées par un ciment de matières organiques; on l'appelle *sable mort*.

Les terres situées dans le Bas-Médoc, entre l'Esparre et la pointe des Graves, sont des alluvions marines productives ou des *relais de mer* appelés *mates*.

CHAPITRE IV.

CLIMAT DE LA RÉGION OU CLIMAT GIRONDIN.

Généralités. — Le climat de la région du sud-ouest plus tempéré que le climat de la région de l'ouest, est moins chaud que le climat provençal, c'est pourquoi on ne peut y cultiver l'olivier, c'est pourquoi aussi le maïs et la vigne y accomplissent aisément toutes leurs phases d'existence.

Il est vrai que la température est toujours élevée en été dans la vallée traversée par la Garonne, mais l'air est moins chaud dans les autres parties de la région par suite de l'atmosphère vaporeuse de l'Océan, des vents impétueux du nord-ouest, des vents froids et secs du nord-est et de l'influence que les montagnes des Pyrénées exercent sur les contrées qu'elles dominent et qui appartiennent au Bas-Quercy et à l'Armagnac.

Les pluies qui y tombent sont abondantes et produisent en moyenne chaque année, à la Rochelle, à Bordeaux et à Toulouse, une colonne d'eau de 590ᵐᵐ. Toutefois, si les pluies sont abondantes dans la zone maritime, elles augmentent à la base des Pyrénées, à tel point qu'il tombe annuellement en moyenne à Pau 1085ᵐᵐ d'eau. A la Rochelle les eaux pluviales ne dépassent pas en moyenne 656ᵐᵐ. Il tombe peu d'eau en été dans toute la région, mais les pluies sont abondantes à la Rochelle et à Bordeaux pendant l'automne; par contre c'est au printemps et en automne qu'elles atteignent leur point maximum à Toulouse et à Pau.

Le nombre des jours pluvieux est plus élevé à Bordeaux qu'à Pau et surtout à Toulouse. En moyenne, il ne dépasse pas 134 chaque année.

L'atmosphère brumeuse des vallées des Pyrénées favorise dans ces dépressions et surtout dans la vallée de Luchon la production des prairies et conséquemment l'existence des bêtes à cornes (fig. 6).

La température moyenne de la Rochelle, Bordeaux, Toulouse et Pau est de 12⁰,9. La chaleur moyenne estivale est de 20⁰,7 et la température hivernale de 4⁰,8.

Dans les lieux abrités des vents du nord-est, la moyenne estivale atteint 22⁰,4 et celle hivernale 6⁰,2.

Les vents du sud-ouest et du nord-est, puis ceux du sud sont ceux qui dominent dans l'Angoumois et la Gascogne, mais à Toulouse, où les montagnes sont une véritable barrière pour les vents du sud-ouest, les vents qui prédominent sont ceux du nord-ouest et ensuite du sud-est.

En général, on compte annuellement dans la région de 15 à 20 orages.

Ariége. — Le climat du département de l'Ariége est très-varié; mais l'air y est pur. En général, la partie sud ou montagneuse, que l'on nomme le *Haut-Pays*, est plus froide l'hiver et plus chaude l'été que la partie nord, appelée *Bas-Pays*. Dans cette dernière zone, la température est douce et presque toujours uniforme; elle permet l

Fig. 6. — La vallée de Luchon.

culture du maïs, de la vigne, et elle favorise très-avantageusement la végétation du chêne-liége. On redoute les gelées tardives dans l'arrondissement de Saint-Girons.

Si le printemps y est pluvieux, l'automne y est très-beau.

Les vents dominants viennent du sud, du nord-ouest et du sud-est. Le vent du sud amène ordinairement de la pluie. Pendant la belle saison, les orages sont assez fréquents dans les localités dominées par les montagnes.

Haute Garonne. — Le climat de la Haute-Garonne est doux et tempéré; mais les étés y seraient plus chauds et moins pluvieux sans le voisinage des Pyrénées, au milieu desquelles les hivers sont précoces et prolongés et les étés tardifs et de peu de durée.

A Toulouse, la température moyenne de l'année est de 12°,6. Voici comment elle se répartit suivant les saisons : hiver 4°,73, printemps 11°,94, été 2 0°,35, automne 13°,51.

Si la neige est rare dans le *pays toulousain*, par contre, on y compte en moyenne 100 jours de pluie qui fournissent de 500 à 700 millimètres d'eau.

Les vents dominants sont les suivants : le vent nord-ouest, le sud-est et l'ouest, que l'on nomme *cers*. Le vent d'est, ou d'*autan*, est sain, mais très-violent, et souvent il égrène les céréales à l'époque de la moisson; le vent du nord est toujours sec, celui du sud amène de la pluie.

La plaine de Toulouse est souvent exposée aux ravages des orages et surtout de la grêle.

Hautes-Pyrénées. — Le climat du département des Hautes-Pyrénées est très-variable. Si l'hiver est doux, agréable dans la plaine de Tarbes et quelques vallées voisines, il est long, rude et tardif sur les plateaux de la partie montagneuse. Dans ces dernières localités et surtout dans les hautes vallées, aux froids vifs, aux avalanches, succèdent, pendant la belle saison, les pluies, les orages et la grêle. Nonobstant, dans les parties inférieures, le printemps est tempéré et pluvieux, l'été sec et orageux, et l'automne très-agréable.

Les vents dominants sont : le sud-ouest, qui amène de la pluie et des orages, le sud, qui est ordinairement accompagné d'une chaleur lourde et accablante. Les vents du nord et du nord-ouest présagent toujours du beau temps.

Les montagnes, situées au-dessous de la région des neiges et des glaciers, sont couvertes de thym, de romarin et de plantes alpines à émanations balsamiques. C'est dans cette zone aride que sont situés les villages les plus élevés (fig 7).

Basses-Pyrénées. — Le climat des Basses-Pyrénées est plus tempéré que celui des Hautes-Pyrénées. Pendant l'été, la neige n'y séjourne jamais sur les hautes montagnes. Toutefois, si à Pau l'air est doux ou tempéré, si le thermomètre y indique une température annuelle de $10^0,59$, il y pleut fréquemment pendant l'automne, l'hiver et le printemps.

Le vent du sud y règne pendant l'hiver, le vent d'ouest durant le printemps et ceux du nord et du nord-est dominent pendant l'été et l'automne.

A cause de la proximité du golfe de Gascogne, le climat est généralement sujet à de brusques variations.

La flore des Basses-Pyrénées est riche et variée.

Landes. — Le climat du département des Landes est moins tempéré qu'on ne le pense à cause du voisinage de la mer et surtout des brouillards épais qui se dégagent des étangs et des marais. La température moyenne est de 12^0, celle de l'hiver 6^0, et celle de l'été 21^0. On y compte, chaque année, de 130 à 140 jours pluvieux. La grêle est assez fréquente dans la zone méridionale. Enfin, l'hiver, à cause de l'humidité des landes, est une saison malsaine.

Les vents dominants sont ceux de l'ouest et du nord-ouest; ils amènent de la pluie.

Le climat de la Chalosse est plus tempéré et l'air y est plus sain et meilleur.

Gers. — Le climat du département du Gers est doux et tempéré, mais variable. L'air y est pur et salubre.

Si les chaleurs y sont parfois excessives durant l'été, les

Fig. 7. — Scia, le dernier village des Pyrénées.

froids y sont souvent précoces et se font sentir dès la fin de novembre. L'automne y est assez beau. Les brouillards y sont très-redoutés.

Les vents dominants sont celui de l'ouest qui amène de la pluie et celui du nord qui est froid et sec. Le vent du sud-est ou *autan* y produit des effets semblables au sirocco.

Nonobstant, le département du Gers est aussi exposé aux orages. En 1859, sur 159 communes appartenant à l'arrondissement de Mirande, 132 ont été dévastées par la grêle.

Tarn-et-Garonne. — Le climat de ce département est aussi doux et tempéré, mais variable.

Les vents dominants sont : l'*autan*, qui y est froid, orageux, mais de courte durée, le *cers* qui y est pluvieux s'il souffle vers le sud ou sec et froid s'il se dirige vers le nord.

En été on y redoute les ouragans mêlés de grêle.

Tarn. — Le climat du département du Tarn est tempéré, mais variable.

Si dans les plaines l'hiver est doux, s'il n'y dure que du 15 décembre au 15 février, par contre il est rigoureux et prolongé dans les contrées montagneuses.

Généralement, les printemps sont humides, nébuleux et les étés très-chauds ; l'automne est la plus belle saison. Lorsque durant l'été, la chaleur est accablante, les nuits sont ordinairement très-tempérées. On redoute les gelées blanches tardives dans les localités où végète le mûrier parce qu'elles brûlent les premières feuilles.

On moissonne le seigle à Castres dix jours plus tôt que dans les montagnes de Lacaune.

Les vents dominants sont les suivants : le sud-est ou *autan*, qui est accompagné d'une chaleur sèche et qu'on regarde comme dangereux ; il est impétueux et nuit beaucoup aux céréales dans les environs de Castres et de Puylaurens ; l'ouest ou *cers*, qui amène de la pluie ; le sud-ouest, qui présage l'orage. L'est ou *vent blanc* est toujours suivi, en hiver, par un froid vif. Enfin, quand le vent du sud-est alterne avec le vent du nord-est, on a la certitude d'avoir une série de beaux jours.

Lot-et-Garonne. — Le climat de ce département est tempéré dans la vallée de la Garonne, mais dans les landes, l'air y est glacial pendant l'hiver et brûlant pendant l'été.

La plaine est sujette à de longues alternatives de pluies et de sécheresses, et on y redoute pendant la belle saison les orages et la grêle.

La température moyenne se partage comme il suit : hiver, $+6^0.20$, printemps, $13^0.87$, été, $22^0.42$, automne, $12^0.38$. Elle y est donc plus élevée que dans la plaine de Toulouse.

Le vent d'est domine pendant le printemps et l'automne, et ceux de l'ouest, nord-ouest et du sud-sud-ouest durant l'été et l'hiver. Le *vent solaire*, celui qui suit le soleil, souffle en été quand le temps est beau.

Lot. — L'air est humide pendant neuf mois, c'est-à-dire de novembre à avril, dans la zone granitique, mais il y est très-chaud pendant l'été. Le climat est plus tempéré et plus sec dans la zone calcaire. Enfin, pendant l'été, la chaleur est considérable dans les grandes vallées.

Nonobstant, si l'hiver est en général tardif, l'automne y est une belle saison.

Les vents dominants sont les suivants : le nord-ouest, dit *vent solaire*, qui est regardé comme un véritable fléau pendant l'été et l'automne; le vent d'ouest, qui souffle dans les vallées; le vent du sud-ouest, qui est toujours accompagné d'orages. Le vent du nord est très-froid, et les vents du sud, du sud-est et de l'est sont très-violents pendant les mois de mars et de novembre.

Dordogne. — Le climat de la Dordogne est tempéré et variable, mais il est plutôt humide que sec. Si l'été dans le Périgord est très-sec et l'automne très-beau, le printemps et l'hiver y sont ordinairement pluvieux.

Les vents qui soufflent le plus souvent sont ceux de l'ouest et du nord. Le vent du sud-ouest ou *galerne* est pernicieux pour les amandiers et les abricotiers.

Les orages sont fréquents ainsi que les grêles pendant les mois de juin et de juillet.

Charente. — Le climat de la Charente est agréable et tempéré, l'air y est pur et le ciel presque toujours serein. En hiver, le thermomètre descend rarement au-dessous de — 4°. et en été il ne dépasse pas ordinairement + 26°. C'est pourquoi on n'y redoute pas généralement de grands froids et de grandes chaleurs. L'automne y est très-beau.

L'arrondissement de Confolens est la partie la moins tempérée.

Les vents dominants viennent du sud-ouest et de l'ouest. Les vents d'est et du nord sont parfois très-impétueux pendant l'hiver. Le vent nord-ouest est souvent nuisible au printemps.

Charente-Inférieure. — Le climat de ce département est tempéré et sain, excepté près de la côte où il existe des marais et des étangs, c'est-à-dire depuis la Rochelle jusqu'à la Tremblade.

Au printemps, la végétation est luxuriante dans les marais, mais elle y est presque nulle pendant l'été, saison durant laquelle le soleil dessèche le sol et les gazons. L'automne y est un deuxième printemps; sous l'action des pluies, tout y reverdit. L'hiver y est plus humide que froid.

Les vents dominants sont ceux de l'ouest et du nord-ouest.

Gironde. — Le climat du département de la Gironde est tempéré, régulier et un peu humide à cause du voisinage de la mer, des rivières et des lacs et marais qu'on y observe. Les hivers y sont pluvieux et les étés chauds. Les chaleurs sont même parfois excessives pendant l'été. On doit regretter que les fièvres intermittentes ou *fièvres médoquines* soient très-communes dans les landes du Bordelais, par suite des miasmes qui se dégagent durant l'été dans les localités marécageuses.

La température moyenne est à Bordeaux 13°.9; elle se répartit suivant les saisons de la manière suivante : hiver,

+ 7⁰.0, printemps, 13⁰.0, été, 22⁰.4, automne, 13⁰.3. En hiver, le thermomètre descend rarement à — 2⁰.0, — 3⁰.0.

Les vents dominants sont ceux du nord-ouest, du sud-ouest et de l'ouest.

La vigne y fleurit ordinairement vers le 15 juin et on y vendange vers. le 15 septembre. L'abricotier y fleurit du 10 au 15 mars, le pommier vers le 20 avril, l'amandier à la fin de février, le tulipier de Virginie le 15 mai, le lilas le 5 avril, les primevères le 10 février, l'aubépine le 10 avril, et les cerises arrivent sur les marchés le 20 mai.

CHAPITRE V.

DISTRIBUTION DES VÉGÉTAUX.

Les végétaux herbacés et ligneux qu'on rencontre dans la région du sud-ouest sont moins nombreux que les plantes qui ornent la région du sud.

Le *maïs* est la seule plante cultivée qui caractérise cette grande région. Sauf dans les montagnes des Pyrénées, celles des parties septentrionales des départements du Tarn, du Lot, de la Dordogne et de la Charente, et les terrains incultes ou encore couverts de bruyères qu'on rencontre dans le Bordelais, le Bazadais, le Béarn, l'Armagnac, partout, chaque année, on le cultive avec succès. C'est que tous les départements qui appartiennent à la région du sud-ouest sont compris dans la grande zone où le maïs arrive aisément à maturité.

C tte plante végète sur presque tous les points de la région, à côté de la vigne et accidentellement non loin du *mûrier*.

La douceur du climat de la région a permis depuis long-temps de cultiver sur les coteaux abrités des vents du nord, l'*amandier*, le *figuier* et l'*abricotier*, arbres fruitiers qui appartiennent naturellement à la région du sud.

Enfin, au nombre des végétaux délicats qu'on cultive chaque année très en grand dans la région, il faut encore signaler le *lin d'hiver*, dont la culture est répandue dans la Chalosse et le Béarn, et l'*avoine d'hiver*. Cette dernière céréale remplace sur beaucoup de points l'avoine de printemps d'une réussite souvent incertaine à cause de la température de l'air et de la sécheresse du sol pendant les mois de mai, juin et juillet.

Au nombre des végétaux forestiers spéciaux à la région, on doit citer en première ligne le *pin des Pyrénées* (pinus Pyrenaïca) et le *pin maritime*. Ce dernier pin réussit très-bien sur les sables qui subissent sans cesse, pour ainsi dire, l'influence de la mer. C'est pourquoi on l'a choisi de préférence à d'autres essences pour fixer les sables qui forment les dunes qui s'étendent de l'embouchure de la Gironde à Bayonne. L'épicéa est rare dans les Pyrénées, mais l'érable de Montpellier est assez commun dans les friches du centre de la région.

Le *chêne-liége* n'existe dans la région que dans le Marencin, qui appartient au département des Landes, dans le Néraquais, entre les terres fortes et les landes, et sur quelques points du littoral des landes du Bordelais. On lui a donné le nom de *chêne occidental* parce qu'il diffère du chêne-liége ordinaire.

A côté de ce chêne, qui n'acquiert pas dans la région le développement qu'il prend dans la basse Provence, se place naturellement le *chêne tauzin* ou *chêne noir*. Cette espèce appartient bien à la zone océanienne ; elle s'élève dans les montagnes jusqu'à 400 mètres au dessus de la mer.

Si le tamarix de France ne végète plus au delà du département de l'Aude, le tamarix d'Angleterre est répandu dans les vallées inférieures des Basses-Pyrénées, aux environs de B^ayonne et sur les terres salées qui bordent l'Océan.

Les montagnes des Pyrénées renferment une foule de plantes indigènes qui rappellent les végétaux qui croissent dans les Alpes et les montagnes de la Provence. Ainsi, en parcourant les délicieuses vallées qu'on rencontre à chaque pas dans ces magnifiques élévations, on est frappé, non-seulement par les émanations balsamiques que dégagent les pelouses ou les vallées ombreuses et fraîches, jusqu'à 800 mètres d'élévation au-dessus de la mer, mais on ne cesse d'admirer le rose vif des silènes, la couleur d'or de l'arnique, etc., etc.

Ces plantes secondaires ont des limites altitudinales ; mais ces limites, ainsi que celles des végétaux ligneux, y sont généralement plus élevées que dans les montagnes alpines. Ainsi, on rencontre encore çà et là sur le revers méridional des Pyrénées, quelques chênes ou charmes à 1300 mètres, le sapin rouge à 2000 mètres, les pins cembro et mugho à 2400 mètres, le saule nain à 2400 mètres, les derniers gazons à 2650 mètres et les dernières mousses à 3500 mètres. Tous ces végétaux s'élèvent un peu moins haut sur le revers septentrional qui appartient à la France.

Voici les altitudes moyennes des principaux végétaux qu'on rencontre dans les montagnes des départements de la Haute-Garonne et des Hautes et Basses-Pyrénées : vigne, 550 mètres, chêne tauzin 400 mètres, châtaignier 800 mètres, alizier blanc, aune commun, chêne rouvre, cornouiller sanguin, 900 mètres, houx 950 mètres, chêne yeuse 1000 mètres, érable à feuille d'obier 1100 mètres, chêne pédoncule 1200 mètres, hêtre 1300 mètres, sorbier des oiseleurs 1700 mètres, sapin 1900 mètres, pin à crochet 1900 mètres, bouleau 2200 mètres, pin cembro 2300 mètres.

Les neiges éternelles commencent à 2700 mètres sur le revers septentrional. Les derniers pâturages n'y dépassent pas 1500 mètres, élévation à laquelle est situé le dernier village.

CHAPITRE VI.

LES RIVIÈRES,
LES CANAUX D'ARROSAGE ET LES IRRIGATIONS.

Rivières. — La région renferme un très-grand nombre de cours d'eau. Les plus importants sont au nombre de six, savoir :

1° La *Garonne*, qui a 620 kilomètres de longueur jusqu'au Bec-d'Ambès, point où elle se réunit à la Dordogne. A Toulouse, elle débite en moyenne à l'étiage 150 mètres cubes par seconde. Dans les grandes eaux, elle peut s'élever à Toulouse jusqu'à 7 mètres au-dessus de l'étiage. En 1840, elle a atteint à Langon (Gironde) $13^m,50$. Dans les montagnes des Pyrénées, on lance des troncs d'arbres dans les eaux de la Garonne pour qu'ils descendent dans les plaines de rapides en rapides et éviter ainsi des frais de transport.

2° Le *Tarn* a un parcours de 355 kilomètres. A son embouchure dans la Garonne, il débite 20 mètres cubes par seconde.

3° Le *Lot* a une longueur de 430 kilomètres. Son débit à son embouchure dans la Garonne est aussi de 20 mètres cubes par seconde.

4° La *Dordogne* a un parcours de 500 kilomètres. Son débit au Bec-d'Ambès est de 110 mètres cubes; elle charrie des débris volcaniques de l'Auvergne.

5° La *Charente* a une longueur de 400 mètres. Son débit n'est pas considérable.

6° L'*Adour* a un parcours de 230 kilomètres.

Toutes les rivières et les fleuves qui descendent des Pyrénées sont alimentés par les lacs, les cascades, les pluies et la fonte des neiges. Si leurs eaux étaient bien utilisées, elles permettraient d'irriguer annuellement des milliers d'hectares en faveur de l'existence des animaux domestiques.

Canaux d'arrosages. — La région du sud-ouest possède un très-petit nombre de canaux d'arrosage.

Le plus ancien remonte à Alaric, roi des Visigoths. Ce canal est connu sous le nom de *canal d'Alaric*; il est alimenté par les eaux de l'Adour et il arrose la riche plaine de Tarbes. Il a 108 kilomètres de longueur.

Le *canal de la Gespe* réunit l'Adour à l'Echez.

Ces deux canaux alimentent mille canaux secondaires.

On a inauguré le 10 mai 1856 le *canal de Lagoin*, qui a 56 kilomètres de longueur. Ce canal est alimenté par les eaux du Gave. Il arrose 14 000 hectares dans la jolie vallée qui s'étend de Coarraze et Betharam jusqu'aux landes de Pont-Long (Basses-Pyrénées).

Le *canal de Martory*, à Toulouse, est très-utile. Il est précédé dans la plaine de Saint-Gaudens à Martory par divers petits canaux de dérivation.

Le *canal de Lannemezan* commence à Sarrancolin (Hautes-Pyrénées) pour déboucher dans le Gers et la Bayse; il a 28 kil. 400 de longueur et est alimenté par la Neste. Il fournit 4 mètres cubes d'eau par seconde aux irrigations.

Enfin, le *canal latéral à la Garonne* fournit annuellement 500 concessions d'un litre pour l'arrosage des terres. Cette quantité d'eau est insignifiante. On a calculé que bien administré, ce canal pourrait fournir 10 000 litres d'eau de Toulouse à Agen.

La valeur d'eau fournie par ce canal n'est pas élevée, puisqu'elle ne dépasse pas 30 fr. pour un débit d'un litre par seconde. Il n'en est pas de même de la redevance que payent les agriculteurs à l'administration du canal de Saint-Martory; elle s'élève à 50 fr. par hectare. Depuis longtemps on émet le vœu que cette dépense reste dans les limites normales de 30 à 35 fr. Les eaux de la Garonne sont excellentes : elles contiennent du sulfate de potasse. Celles qui sourdent des terrains argileux dans le Quercy, le Périgord et l'Armagnac sont généralement froides et peu favorables à la végétation.

Les *bassin de Saint-Féréol* occupe 80 hectares et peut contenir 600 000 mètres cubes d'eau; il alimente le canal du Midi. Il est situé dans les montagnes Noires.

Les *lacs* de Gande, de Lourde, de Comon sont très-poissonneux.

Irrigations. — Les irrigations sont très-bien comprises dans les plaines de Saint-Gaudens (Haute-Garonne), dans la plaine de Tarbes (Hautes-Pyrénées), dans la zone pyrénéenne intermédiaire entre la montagne et la plaine, sur les plans inclinés des montagnes des cantons de Lacaune et de Vabre et dans les vallées de la Viane et de Lacaze (Tarn). On arrose aussi les vallées qui, dans le département du Gers, sont traversées par de petites rivières; mais ces irrigations ont peu d'importance, parce que tous les cours d'eau de ce département, sauf l'Adour et l'Arros, tarissent pendant les grandes chaleurs par suite de la pente rapide des vallons qu'ils parcourent. Enfin, c'est à l'aide de petits canaux qu'on arrose la plupart des prairies de l'arrondissement de Saint-Girons (Ariége).

Les irrigations ont lieu généralement par reprise d'eau sur les prairies déclives des montagnes des Pyrénées et des montagnes Noires ou des collines du Périgord. Les rigoles de distribution sont toutes de niveau ou elles sont obliques à la ligne de plus grande pente. On y arrête l'eau à l'aide d'une ardoise, d'une planchette ou d'une plaque de gazon. On déplace ces barrages soir et matin ou au bout de vingt-quatre heures, suivant la quantité d'eau dont on dispose et la nature du sol de la prairie. Dans la vallée de Campan, on commence les arrosages vers la fin d'octobre pour les cesser vers la fin de février. On les reprend au mois de mars. Toutes les prairies arrosées sont fumées tous les deux ans pendant le mois de décembre.

Les irrigations dans la plaine de Tarbes, ont lieu par immersion, par reprise d'eau et par infiltration, suivant les terres et les cultures qu'on veut arroser.

Les prairies sont généralement arrosées de la fin de mars à la fin d'avril. Après chaque coupe on arrose pendant quarante-huit heures, et ensuite tous les 8, 10 ou 12 jours. On fauche ordinairement quatre fois chaque année les prairies qui sont irriguées dans les plaines de Tarbes. Dans les vallées de Campan et de Louron, les prairies arrosées ne sont fauchées que deux fois. Leur produit varie entre 8000 à 9000 kilogrammes de foin par hectare.

On arrose aussi par immersion pendant vingt-quatre heures en hiver et en été, une partie des prairies du canton de Vic.

-Les maïs et les haricots qu'on cultive à l'arrosage dans les plaines de la Bigorre, ont une végétation remarquable.

Toutes choses égales d'ailleurs, partout où les irrigations sont bien comprises, où l'eau ruisselle sans cesse sur les gazons des prairies et ne séjourne nulle part, on est parvenu à tripler et même à décupler la richesse territoriale et agricole.

CHAPITRE VII.

ASSAINISSEMENTS, MARAIS ET DESSÉCHEMENTS.

Assainissements. — Il existe çà et là dans la région du sud-ouest, soit dans les vallées, soit au milieu des plaines ou sur les plateaux, des endroits humides ou marécageux qui réclament impérieusement des travaux d'assainissement.

On a assaini avec succès des surfaces importantes, soit en ouvrant des *fossés*, soit en y pratiquant des travaux de drainage. La superficie drainée, dans le département de la Gironde, a atteint 1800 hectares. Cette étendue comprend 80 hectares de vigne, appartenant au domaine de la

Grange, et qui ont été drainés de 1852 à 1855, et 40 hectares de vigne, situés sur la terre du Taillan.

On a aussi assaini, à l'aide du *drainage*, de nombreuses pièces de terres humides, dans les départements des Basses-Pyrénées et du Lot-et-Garonne.

Enfin, on a eu recours au *colmatage* sur le domaine de Lacaune, situé à Ambès (Gironde), pour exhausser le niveau d'un terrain marécageux ayant une étendue de 5 hectares. Le résultat a été très-satisfaisant.

Marais. — La région du sud-ouest renferme de nombreux terrains marécageux. Le département de la Gironde en possède 50 000 hectares, indépendamment des landes. Ceux des Basses-Pyrénées, des Landes et de la Dordogne en possèdent aussi qui couvrent de grandes surfaces.

On distingue dans le Sidobre, qui appartient au département du Tarn, deux sortes de marais : 1º les marais par infiltration appelés *sagnenc* et qu'on observe sur le versant des montagnes; 2º les marais par stagnation qu'on nomme *glandoulenc* et qui existent sur les plateaux.

Desséchements. — On a assaini depuis longtemps, à l'aide de fossés et de canaux, les *marais de la Sévre-Niortaise* (Charente-Inférieure), et les alluvions marines connues sous le nom de *polders* et qui sont situées sur la rive gauche de la Gironde non loin de son embouchure (voir *les Lauréats de la Prime d'honneur*).

C'est en 1846, et sous l'habile direction de M. Boitel, aujourd'hui inspecteur général de l'agriculture, qu'ont été exécutés les premiers travaux de desséchement des marais d'Orx (Landes). Ces marais appartiennent maintenant à la liste civile. Ils ont une étendue de 4000 hectares. C'est en 1834 que M. Manescau a desséché 35 hectares de terrains marécageux, situés aux environs de Pau. Ce marais offre aujourd'hui une prairie naturelle productive, grâce aux irrigations qu'on y pratique avec succès.

On a aussi desséché 600 hectares dans la vallée de la Blâme (Dordogne); cette surface appartenait aux marais de Bouchaud. Citons encore les desséchements des marais de Gensac, Antenne et Fossé-le-Roi (Charente).

On a commencé dans le département de la Gironde le desséchement de 30 000 hectares de marais. Les propriétaires de ces terrains se sont constitués en association syndicale. M. Clerc a aussi desséché 8000 hectares de marais du littoral à l'aide de deux grands canaux. Les dépenses se sont élevées à 400 000 fr. Le sol qui valait à peine 8 fr. l'hectare au commencement des travaux, a déjà acquis une plus-value considérable.

Enfin, en vertu de la loi du 19 juin 1857, on a assaini une étendue immense de terres incultes dans la Gascogne. Les voies d'écoulement ouvertes n'ont pas moins de 925 kilomètres de longueur. Ces canaux ont une largeur moyenne de 5 à 6 mètres au plafond et une pente de 1 à 2 millimètres par mètre. Ils ont coûté 700 000 fr. Ce stravaux d'assainissement ont permis d'ensemencer 106 616 hectares qui ont coûté 1 600 000 fr. L'enquête faite en 1865 a établi que les fièvres qui ravageaient précédemment les Landes avaient disparu et que le nombre des naissances l'emportait sur celui des décès.

CHAPITRE VIII.

LES POPULATIONS AGRICOLES.

Population rurale. — Les populations de l'*Ariége* n'ont pas toutes les mêmes caractères. L'habitant des montagnes est franc, ouvert, agile et robuste; celui des plaines est plus fin, plus civilisé et meilleur travailleur.

L'habitant de la *Haute-Garonne* est vif, économe, mais un peu ambitieux et entreprenant. Il parle le patois languedocien et se nourrit en grande partie de maïs.

Le *Bigordan* ou l'habitant des *Hautes-Pyrénées* est vif, gai, alerte, robuste, intelligent et il a des habitudes d'ordre et d'économie. Les populations des montagnes ont généralement plus de qualités que les habitants des plaines et des vallées.

Ordinairement le Pyrénéen est nourrisseur l'été et bouvier et maquignon pendant l'hiver et le printemps.

La population des *Basses-Pyrénées* comprend la *race basquaise* qui habite les arrondissements de Mauléon et de Bayonne, et la *race béarnaise* qui réside dans les arrondissements de Pau, Orthez et Oleron. Le Basque porte généralement un beret bleu et le Béarnais un beret brun. Le premier est agile, actif, marche la tête haute et aime avec passion les jeux et les fêtes. Le second est irascible, fin et robuste.

Les *Ossaliens* (habitants de la vallée d'Ossau) ont des mœurs pures. Les femmes cultivent les champs et les hommes gardent le bétail.

Les populations des *Landes* sont différentes, suivant qu'elles habitent à droite ou à gauche de l'Adour. Dans la première zone, les habitants ont une stature grêle, un teint décoloré, un aspect maladif, et quoique taciturnes et réservés, ils sont sobres et rustiques.

Les hommes et les femmes qui gardent les troupeaux dans les landes sont montés sur des échasses ou *xcanques* ou *chanques*, et revêtus d'une peau de mouton rousse ou noire qui leur donne un aspect singulier (fig. 8). Les hommes sont connus sous le nom de *lanasquets*.

Les populations qui habitent la rive gauche de l'Adour sont actives, pétulantes, mais indociles.

Nonobstant, les uns et les autres aiment à se divertir.

Les habitants du *Gers* ont une constitution robuste; ils sont honnêtes, économes, infatigables dans le travail, gais et charitables. Les femmes sont belles et fortes.

Les populations de ce département parlent un mélange de gascon et de languedocien.

L'habitant du *Tarn-et-Garonne* est un peu vaniteux, mais il est sincère, brave et bon travailleur. Généralement,

Fig. 8. — Les habitants des Landes.

il aime un peu le luxe et parle un patois qui dérive à la fois du gascon et du limousin.

Les populations des plaines du *Tarn* sont bien constituées, économes, intelligentes, laborieuses et polies. Les habitants des montagnes sont plus forts et plus blonds, mais plus superstitieux ; ils aiment les procès. Les uns et les autres parlent un patois qui dérive de l'italien et du languedocien.

Le *Lot* renferme des populations différentes par leur caractère. Les habitants, qui vivent au milieu des montagnes, sont superstitieux, irritables, haineux, laborieux et patients ; ceux des vallées et des plateaux calcaires sont doux, sociables, mais ils ont moins de vivacité et d'intelligence.

Les uns et les autres parlent un dialecte du Limousin.

Les populations du *Lot-et-Garonne* sont modérées, douces, hospitalières et ont une prompte imagination ; en outre, elles sont économes et laborieuses. Elles parlent le gascon.

Les habitants de la *Dordogne* ont des mœurs pures ; ils sont économes, hospitaliers et laborieux. En général, les populations des localités où le sol est peu fertile sont plus petites, moins vigoureusement constituées que les habitants des contrées où la terre est productive.

Les habitants de ce département parlent le limousin.

Les populations de la *Charente* sont douces, honnêtes, actives, mais elles sont superstitieuses et manquent d'intelligence ; elles aiment la table et les plaisirs et sont naturellement portées à l'enthousiasme. La taille des hommes est médiocre.

Les habitants parlent le français.

L'habitant de la *Charente-Inférieure* est actif, laborieux, patient, respectueux et hospitalier. En outre, il est fort, nerveux et plus grand que le Périgourdin, mais son tein a de l'éclat.

On parle, dans le département, trois patois : celui de la Rochelle, celui de Saintes et celui de Marennes.

L'habitant de la *Gironde* est franc, patient, laborieux, modéré dans ses besoins, courageux, mais il se passionne aisément pour les plaisirs.

L'habitant des Landes est d'une nature moins bonne, quoiqu'il soit bon, tolérant et humain, parce qu'il est mal nourri, mal vêtu et mal logé.

Les populations de ce département parlent le gascon.

Exploitants. — Les terrains agricoles sont exploités dans la région par leurs propriétaires, par des métayers, par des maîtres-valets et par des fermiers.

Les *propriétaires*, qui font valoir à l'aide de domestiques, de journaliers et de tâcherons, sont nombreux. Si le nombre des petits propriétaires agriculteurs n'a pas sensiblement augmenté depuis vingt années, il n'en est pas de même de ceux qui possèdent des exploitations de 50 à 200 hectares. Chaque année, par suite de la diffusion des lumières agricoles, le nombre de ces agriculteurs s'accroît dans une proportion remarquable.

Les petits propriétaires agriculteurs sont connus sous le nom de *Pagès* ou *Biens-Tenant*, dans les départements du Gers, de la Haute-Garonne, du Tarn et du Tarn-et-Garonne. Ils sont nombreux dans les départements des Hautes et Basses-Pyrénées, où le sol est très-morcelé.

Les *métayers*, qu'on appelle *bardins*, *bordier*, *bourdilé*, *colons*, *faisandiers*, *gasailla*, sont des colons partiaires ou *colons à portions de fruits;* ils sont nombreux dans tous les départements composant la région du sud-ouest; ce sont des associés très-utiles.

Ces exploitants ont ordinairement un bail annuel, mais qui se continue par tacite reconduction. Les conditions qui les régissent sont très-variables. Dans quelques départements, le propriétaire fournit le cheptel ou le bétail (*les cabeaux*) et le métayer doit posséder les instruments et les véhicules (*la souche*); dans d'autres contrées, le propriétaire et le métayer fournissent chacun la moitié du bétail que doit avoir la métairie.

Le partage des produits n'a pas toujours lieu par moitié entre le possesseur du sol et l'exploitant. Dans divers départements, par exemple, dans la Haute-Garonne et les Hautes-Pyrénées, le propriétaire prélève, avant tout partage, un dixième de la récolte qu'il garde ou qu'il abandonne au métayer. La valeur de cette quote-part est destinée à solder les impôts ou autres charges qui pèsent sur le propriétaire. Quand les contributions sont payées par le propriétaire, le métayer doit lui rembourser une somme égale. On dit alors que le colon doit payer l'*aide de taille*. Lorsque les semences doivent être fournies par l'exploitant, la métairie est dite *métairie à semences perdues*.

Le salaire des ouvriers qui aident à faire la moisson n'est pas à la charge du colon. Avant que les produits récoltés ne soient partagés entre le propriétaire et le métayer, ou prélève sur la masse un neuvième, un dixième, un onzième, suivant les localités, qu'on remet aux moissonneurs qu'on désigne ordinairement sous le nom de *solatiers*, *métiviers*, *estivandiers*, etc. Dans le pays toulousain, les métiviers ont droit à un septième du produit des récoltes sarclées : maïs, pommes de terre, etc. Enfin, il existe dans la région des localités où les métayers ne reçoivent qu'un tiers de tous les produits, et d'autres dans lesquelles, par exemple, dans les Landes, où il a droit aux trois cinquièmes de la récolte, à la condition, toutefois, de solder toutes les dépenses et de fournir les semences nécessaires.

Les bénéfices sur le bétail sont toujours partagés par moitié.

La plupart des métayers doivent des *redevances* ou des *faisances* à leurs propriétaires. Ainsi, ils sont obligés de leur donner chaque année 7 à 8 paires de poulets, 7 à 8 paires de pigeons gras et 200 œufs. Dans quelques localités on ajoute à ces redevances qu'on appelle aussi *rèves* ou *sèves* un huitième du vin récolté et un huitième des prunes qui ont été transformées en pruneaux, ou un sixième du blé et du tabac. Ces produits sont destinés à payer la contribution foncière. Pour un grand nombre de métayers, de telles redevances sont beaucoup trop élevées.

Dans l'Ariége les métayers doivent labourer les terres à vignes que possèdent leurs propriétaires en dehors de l'étendue de la métairie. Enfin, si dans le Tarn, le métayer fait des travaux d'attelages ou des attelées pour autrui, travaux que l'on nomme *escambis*, il doit en partager la valeur avec son propriétaire.

Généralement on reproche aux métayers de la région leur défaut d'initiative. Le seul remède à ce mal consiste à perfectionner les contrats, à rendre la position du métayer plus stable. A part ce reproche, on se plaît à dire que le métayage est le système le plus économique, celui qui assure aux propriétaires le revenu le plus sûr, le plus net et le plus régulier.

Dans diverses contrées de la région les métayers se succèdent de père en fils sur la même métairie depuis plusieurs siècles.

L'exploitation par *maîtres valets* ou chefs d'exploitations à gages fixes et à produits déterminés, n'existe dans la région que dans les départements de la Haute-Garonne et du Tarn. Les uns sont *à gages et à bétail à cheptel*, les autres sont *à gages sans cheptel*. Dans le premier cas, le profit réalisé par le bétail est partagé entre le propriétaire et le maître-valet; dans le second, il appartient exclusivement au propriétaire.

Ce mode de faire valoir prend plus d'extension d'année en année dans le pays toulousain. Dans cette contrée on le regarde comme plus avantageux que le métayage, mais il oblige le propriétaire à résider à une faible distance du domaine et à diriger et à surveiller la culture.

Les maîtres-valets habitent l'exploitation avec leur famille. Outre le gage annuel auquel ils ont droit et qui varie suivant les localités et l'importance du domaine, ils reçoivent chaque année 5 à 6 hectolitres de blé, de 1 à 4 hectolitres de maïs, une barrique ou 230 litres de vin, s'il existe des vignes sur l'exploitation. Quelquefois on les autorise à cultiver pour leur consommation des fèves, des pommes de terre sur une étendue de 25 ares. Enfin parfois ils cultivent à moitié et comme ils le veulent une sur-face ayant 75 ares ou un hectare.

Lorsque les maîtres-valets ne sont pas à gages et à bétail à cheptel, ils reçoivent annuellement 30 à 50 fr. par chaque paire de bœufs.

La région du sud-ouest possède peu de fermiers. Est-ce parce que les capitaux y sont rares? non! Les agriculteurs qui pourraient cultiver les propriétés des autres préfèrent exploiter des domaines d'une moins grande étendue, mais qui leur appartiennent. Quand les fermiers existent, ce qui est rare, ils payent leur fermage à deux époques : en juin et à Noël; les baux sont de neuf ans.

Les *régisseurs*, appelés *hommes d'affaires*, sont peu nombreux.

Les travaux manuels sont confiés à des *journaliers* ou à des *tâcherons*. Ceux qui opèrent la moisson ou la *métive* sont connus sous les noms de *métiviers, estiviers* ou *estivandiers*. Généralement, on les arrête plusieurs mois avant l'époque à laquelle ils doivent exécuter la fauchaison, la moisson, la vendange, etc.

On appelle *tierceurs*, dans la Dordogne, des ouvriers ou sorte de colons, qui exécutent tous les travaux, sauf les labours et les semailles.

Tous les tâcherons et les tierceurs sont ordinairement payés en nature.

Généralement les populations des hautes montagnes du Quercy émigrent dans le bas Languedoc aux époques de la taille de la vigne et des vendanges.

Les domestiques à gages sont connus dans la Gironde sous le nom de *prix faiteurs*, et dans le Lot-et-Garonne sous celui de *bailet*, mot qui est synonyme de valet.

CHAPITRE IX.

LES BATIMENTS RURAUX.

Les constructions agricoles de la région du sud-ouest ont un caractère spécial, mais sauf dans les vallées de la Garonne et de la Dordogne et les parties fertiles et riantes des premiers étages des montagnes des Pyrénées, elles laissent souvent à désirer quant à leur construction et leur disposition.

Dans les plaines du Quercy les murs sont construits en pisé ou pisay et les couvertures sont en tuile creuse ou tuile à canal. Dans le pays toulousain les anciennes métairies sont faites en bois et en torchis ou en *masse canat* et en *paillebart;* les nouvelles sont construites en briques et en pierres. Dans les départements des Hautes et Basses-Pyrénées, beaucoup de fermes des plaines et des vallées ont des murs qui, quoique construits aves les cailloux roulés, transportés par les gaves ou torrents, ont une grande solidité. Sur d'autres points de ces localités, les murs sont en pisé ou en pierres et les toitures en chaume ou en tuiles. Dans la montagne les granges sont en bois avec des couvertures en ardoise et souvent les ouvertures des habitations sont ornées de pierres extraites des carrières de marbre.

Les constructions qui dans les landes de la Guienne servent de refuge aux animaux domestiques, ont encore çà et là un aspect triste, quelque chose qui rappelle les contrées sauvages.

Dans le Périgord, les maisons habitées par les métayers ou *bourdiers* sont basses, mal aérées et peu éclairées, quelquefois même elles n'ont pas de croisées, mais seulement une ouverture sans vitres. On les blanchit rarement à la chaux. Comme dans l'Armagnac les aires de ces bâtiments sont en argile, ce qui rend ces locaux malsains pendant · les saisons pluvieuses.

Dans les Pyrénées, au·delà d'Oust, les maisons sont sans cheminée : la fumée sort par la porte.

Sur beaucoup de points de la région les bâtiments ruraux sont disposés sur une seule ligne où ils occupent les quatre côtés d'un rectangle ou d'un carré. Ailleurs, comme dans le Quercy et le Périgord, la maison d'habitation, la grange, le hangar ont été construits au hasard, c'est-à-dire sans ordre, sans plan. De là cette disposition fâcheuse qui ne permet pas à l'exploitant d'avoir une cour

Fig. 9. — Une métairie dans les montagnes du Périgord.

assez vaste pour que la surveillance y soit facile et que les véhicules y circulent librement.

Une métairie dans le Périgord (fig. 9) est désignée sous le nom de *borderage*.

Dans le département de la Haute-Garonne comme dans l'Agenais, tous les bâtiments : maison d'habitation, étable, grange, hangar, etc., sont réunis sous le même toit. Si cette disposition est économique, si elle mérite d'être adoptée sur une petite exploitation, elle a l'inconvénient, quand les bâtiments réunis sont vastes, d'exposer les animaux pendant l'été à une température trop élevée, car l'air y est rarement renouvelé.

Toutes les exploitations depuis Bordeaux jusqu'à Toulouse et Albi possèdent un magasin spécial appelé *serre-*

pile ou *gardepile* dans lequel on dépose les grains des céréales aussitôt que celles-ci ont été battues ou dépiquées.

Dans la vallée de la Garonne chaque métairie ou *borde* bien construite possède un hangar spacieux sous lequel on dépose le chanvre après qu'il a été roui, où on suspend le tabac. Le hangar sous lequel on attelle ou on dételle les bœufs au joug, est désigné dans le pays toulousain sous le nom de *capelade*.

Chaque ferme a une aire voisine des bâtiments. C'est sur cette partie sur laquelle on étend des bouses de vaches, qu'a lieu l'égrenage des céréales, soit avec le rouleau, la machine à battre ou les pieds des mules et mulets ou des chevaux.

Les étables sont généralement bien disposées; elles sont munies de mangeoires séparées souvent des murs par un couloir de service, ce qui permet d'affourager aisément les animaux. Ces étables sont ordinairement contiguës aux granges ou *bourdettes*. Un petit trottoir règne presque partout derrière les animaux; il dépasse l'aire du bâtiment de $0^m,16$ à $0^m,20$.

En général les abreuvoirs et les fosses à purin sont très-mal disposés. Les premiers sont rarement nettoyés.

Les *chais* ou celliers sont dans les contrées vignicoles les bâtiments les mieux disposés et les mieux entretenus. Ceux du Bordelais sont très-remarquables.

Dans le département de la Haute-Garonne il existe de petites habitations isolées appelées *estagenteries*. Ces petites maisons sont occupées par les familles qui cultivent à mi-fruit et à la bêche quelques ares de terre. La petite maison qui, dans le département des Landes sert d'habitation au *brassier* ou aide du métayer, est désignée sous le nom de *brasserie*.

Les cabanes des bergers sont désignées sous le nom d'*orri* dans le département de l'Ariége. La bergerie est le *cortal* des habitants des Pyrénées.

CHAPITRE X.

L'ÉTENDUE DES EXPLOITATIONS ET LES CLOTURES.

Étendue des exploitations. — L'étendue des exploitations varie suivant la fertilité et la valeur vénale des terres, et selon aussi le système de culture qu'on veut adopter.

Dans l'Ariége, les domaines ont en moyenne de 20 à 50 hectares; dans la Haute-Garonne, de 25 à 40 hectares; dans les Hautes-Pyrénées, de 10 à 16 hectares, sauf sur le plateau de Lannemezan, où les métairies ont jusqu'à 25 hectares; dans les Basses-Pyrénées, de 18 à 30 hectares; dans le Gers, de 12 à 25 hectares; dans le Tarn, de 10 à 12 hectares dans les contrées fertiles, de 20 à 30 hectares dans les parties accidentées, et 40 à 50 dans les montagnes; dans la Dordogne, de 10 à vingt hectares; dans le Lot-et-Garonne, de 12 à 15 hectares.

En général, les métairies de la région du sud-ouest appartiennent à la moyenne culture. Les grandes propriétés agricoles, celles qui ont 100, 200 hectares de terres labourables, sont divisées en trois, quatre, cinq, etc. métairies.

Les propriétés qui sont exploitées par ceux auxquels elles appartiennent ont souvent une faible étendue, parce que les terres qui les composent ont une grande valeur vénale.

Les terres fertiles de la vallée de la Garonne se vendent de 6000 à 8000 fr. l'hectare. Celles où l'on cultive le chanvre et le tabac sont vendues souvent jusqu'à 10 000 et 12 000 fr. l'hectare. La valeur locative des bonnes terres varie de 80 à 200 fr. l'hectare. Les terres de coteaux qui sont favorables à la culture de la vigne ou des arbres fruitiers se vendent de 2000 à 3000 fr. La valeur des prairies varie entre 6000 et 8000 fr., selon leur productivité et la facilité avec laquelle on les arrose. Dans des conditions moins favorables, les terres labourables ne se vendent pas au delà de 2000 fr. l'hectare.

Ces divers prix expliquent pourquoi généralement les domaines de la région du sud-ouest ont une étendue limitée.

Clôtures. — Les terres labourables et les prairies naturelles sont ordinairement entourées de fossés ou de haies vives. C'est seulement dans les parties accidentées que les champs sont clos par des murs en pierres sèches. Les haies vives sont très-utiles dans les montagnes Noires, parce qu'elles y forment de bons abris contre la violence des vents. Ailleurs, elles permettent la dépaissance du bétail en liberté.

L'aubépine, qu'on appelle souvent *buisson blanc*, est très-répandue dans les localités où les terres sont de bonne qualité. Dans le Gers, elle est souvent remplacée par le houx, le troëne, le cornouiller, l'épine noire et le cognassier. Le houx et le saule sont communs dans les montagnes Noires. Dans le departement du Tarn, les haies sont formées avec le coudrier, le frêne, le charme, l'ajonc marin et l'aubépine.

Tous ces arbustes sont plantés généralement sur deux rangées. On les coupe tous les trois ou quatre ans.

Dans le Languedoc, on utilise çà et là, avec un grand succès, le *paliure épineux* (paliurus aculeatus). Cet arbrisseau permet de faire des haies vives très-défensives.

CHAPITRE XI.

LES MATIÈRES FERTILISANTES.

Les agriculteurs de la région du sud-ouest fertilisent les terres qu'ils cultivent avec les engrais minéraux, les fumiers, les engrais végétaux et les engrais industriels.

Engrais minéraux. — On fournit au sol le calcaire qui lui manque à l'aide des marnages, des chaulages, des falunages et des plâtrages.

Les *marnages* sont très en usage dans le comté de Foix, le pays Toulousain, le Quercy, l'Agenais, l'Armagnac, la Chalosse, etc., sur les terres argileuses, sablonneuses ou silico-argileuses. La quantité de marne qu'on applique par hectare varie de 80 à 400 mètres cubes, suivant sa richesse en calcaire, la fertilité et la profondeur de la couche arable et le temps que doit durer le marnage. Dans la basse Ariége, on ne marne les terres qu'après les avoir labourées profondément. Ces deux opérations constituent la pratique à laquelle on a donné le nom de *terrage*.

Les *chaulages* sont répandus dans le bassin de l'Adour, les montagnes Noires et l'Armagnac, les montagnes du haut Quercy et dans les parties non calcaires du Périgord et de la Saintonge.

Les *faluns* ou anciennes coquilles marines très-riches en carbonate de chaux, sont exploitées à Merignac, Saucats, Léognan, Martillac, la Brède, Saint-Marc-en-Sully, Gradignan (Gironde). Ces engrais minéraux carbonatés ne sont pas utilisés comme ils devraient l'être.

Les *plâtrages* sont pratiqués chaque année sur les tréflières, luzernières, dans les départements de la Haute-Garonne, le Tarn-et-Garonne, le Gers, etc.

Fumiers. — Les fumiers sont de nos jours mieux fabriqués qu'il y a vingt ou trente ans. Cependant dans beaucoup de localités on néglige encore de les couvrir de terre pour les abriter pendant l'été contre l'action desséchante du soleil, puis, on oublie de les arroser quand les premières chaleurs se font sentir ou lorsqu'ils ne renferment pas l'humidité qui est si utile à leur bonne conservation.

Outre la paille, on emploie comme litière l'ajonc ou *thuyc*, la bruyère, la fougère, les feuilles d'arbre et la *bauge* ou production herbacée des terrains marécageux. Toutes ces substances doivent séjourner quelque temps sous les pieds des bêtes à cornes, afin qu'elles se chargent le plus possible de déjections solides et surtout liquides.

Dans les Landes on remplace quelquefois ces litières par des mottes de terre de bruyère que l'on utilise ensuite dans les confections des composts ou *cyriaux*.

Dans diverses localités, on supplée à la pénurie des fumiers en achetant des boues de ville, des déchets de corne, des charrées et du guano. Dans les départements du Lot-et-Garonne et du Tarn-et-Garonne, on emploie chaque année une notable quantité de *colombine*.

Composts. — On fabrique souvent d'excellents composts avec des curures de fossés, des vases de marais, des plantes aquatiques, de la chaux, des cendres, etc. Toutes ces matières alternent dans la masse. Lorsque le compost est resté ainsi pendant quelques mois, on le remue pour le reformer et le *travailler* une seconde et quelquefois une troisième fois. Quand il forme une masse presque homogène, on le conduit sur les terres où il doit être utilisé. On peut aussi le répandre sur des prairies naturelles ou artificielles sur lesquelles il produit toujours d'excellents effets. On l'emploie aussi avec succès dans les vignobles. Il y remplace très-avantageusement les fumiers ou les engrais ammoniacaux.

Engrais végétaux. — Les engrais végétaux herbacés jouent un rôle important dans l'agriculture de plusieurs vallées de la région.

La plante la plus importante est le *lupin blanc* (fig. 10) qui occupe annuellement de grandes surfaces le long de la Garonne, de la Dordogne et du Lot. Dans ces vallées, on le sème en automne, un peu épais ou à raison de 200 à 300 litres par hectare, pour enfouir en avril ou en mai, lorsqu'il est en fleur, l'abondante et magnifique production herbacée qu'il a produite. Cet enfouissement, s'il est bien fait, constitue une bonne demi-fumure ordinaire.

Dans les cantons de Vic et de Rabástens, on sème le lupin en septembre pour l'enfouir à la mi-mai, époque à laquelle on enterre aussi quelquefois soit le trèfle rouge,

soit le trèfle incarnat, enfouissements qui précèdent presque toujours une semaille de maïs.

Dans le département du Lot-et-Garonne, on le sème sur
chaume aussitôt après la moisson ; on l'enfouit en octobre
lorsqu'il a de $0^m,40$ à $0^m,50$. Cette fumure verte réussit

Fig. 10. — Lupin blanc.

très-bien sur les sols siliceux ou *boulbées légères*. Enfin, à
la même époque, on sème aussi sur les terres sablonneuses un mélange de fèves, moutarde blanche, pois gris,
vesce et lupin blanc. Ce mélange est connu sous le nom
de *capéradis*.

Dans l'île de Ré, 'on utilise le goëmon ou varrech comme engrais.

La région du sud-ouest emploie aussi du tourteau, mais dans une proportion bien moins grande que la région du sud, parce qu'elle fabrique annuellement beaucoup plus de fumier. Cet engrais y est connu sous le nom de *nougat*.

Parcage. — Le parcage est généralement en usage dans les plaines et les vallées inférieures des Pyrénées.

Les parcs sont formés de claies qui ont de 1^m,10 à 1^m,50 de hauteur, sur 1^m,50 de largeur. Ces claies sont en osier, frêne, aune ou saule (fig. 11).

On commence cette opération à la Saint-Jean pour la

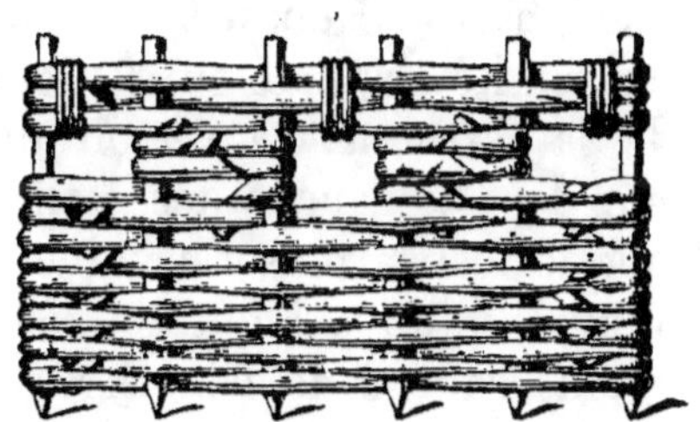

Fig. 11. — Claie pour le parcage.

cesser vers la Saint-Martin. Généralement, les animaux ne séjournent dans chaque parc que pendant 6 à 8 heures.

Engrais industriels. — On emploie dans la région de la poudrette, du noir animal ou résidu de raffinerie; mais ces engrais ne sont pas toujours de bonne qualité. On doit leur préférer l'engrais agenais qui jusqu'à ce jour a été bien fabriqué.

Le noir animal pur est un excellent engrais pour les terres non calcaires renfermant des matières organiques encore acides.

CHAPITRE XII.

LES INSTRUMENTS ET MACHINES AGRICOLES.

Les instruments aratoires en usage dans la région du sud-ouest sont peu nombreux mais ils sont remarquables par leur simplicité. Ainsi on utilise :

1° La *mousse* ou araire à versoir.

2° L'*araire* ou *coutre*, qui a seulement un soc et qu'on emploie pour exécuter les seconds labours.

3° La *charrue Rouquet*, araire à versoir Dombasle.

4° L'*araire de Roville.*

La mousse et la charrue Rouquet ont souvent un âge très-long dont l'extrémité s'appuie sur le joug des œufs. Dans la vallée de la Garonne, le versoir de ces instruments est situé sur le côté gauche des étançons (fig. 12).

La charrue Rouquet est la plus répandue.

Les charrues munies d'un avant-train sont peu répandues dans la région, sauf dans les terres hautes de la Saintonge.

Dans la culture de la vigne, on emploie des charrues spéciales dites *charrues vigneronnes* qui se répandent de plus en plus, mais qui varient quant à leur manière d'être suivant les localités.

M. Skawinski a imaginé une charrue vigneronne des plus ingénieuses. Cet instrument est destiné à remplacer les charrues en usage dans le Bordelais dans la culture de la vigne.

Tous ces instruments sont généralement traînés par des bœufs. L'aiguillon qui sert au laboureur à diriger ces animaux est appelé *aiguillade, barbusat, stromble;* il est muni à sa partie inférieure d'une petite palette en fer qui sert à nettoyer le versoir et le soc et qu'on nomme *curon.* Le joug est appelé *jouet* et les courroies, *juilles.*

Fig. 12. — Laboureur du pays toulousain.

La *charrue billonneuse* ou *raserau* est un buttoir à ver-
soirs fixes ou mobiles.

Fig. 13. — Le bouvier du pays basque.

Le *rouleau* est peu répandu encore dans les localités où
les terres se prennent facilement en mottes. On en fait

Fig. 14. — Égrenoir à maïs de Hallié.

cependant usage dans le Gers, le Tarn, la Haute-Garonne
et la Charente-Inférieure.

Dans les Hautes-Pyrénées et le Tarn, on rayonne les

terres sur lesquelles on veut exécuter des semis en lignes avec un *rayonneur* à 3, 4 ou 5 pieds; cet instrument est appelé *marquois, insilladou,* etc.

Les herses varient de forme et de grandeur suivant les contrées, mais aucune n'est supérieure à la herse perfectionnée de Valcour.

Le *pelversoir* ou fourche très-forte à deux branches est répandu dans le pays toulousin et le bas Quercy.

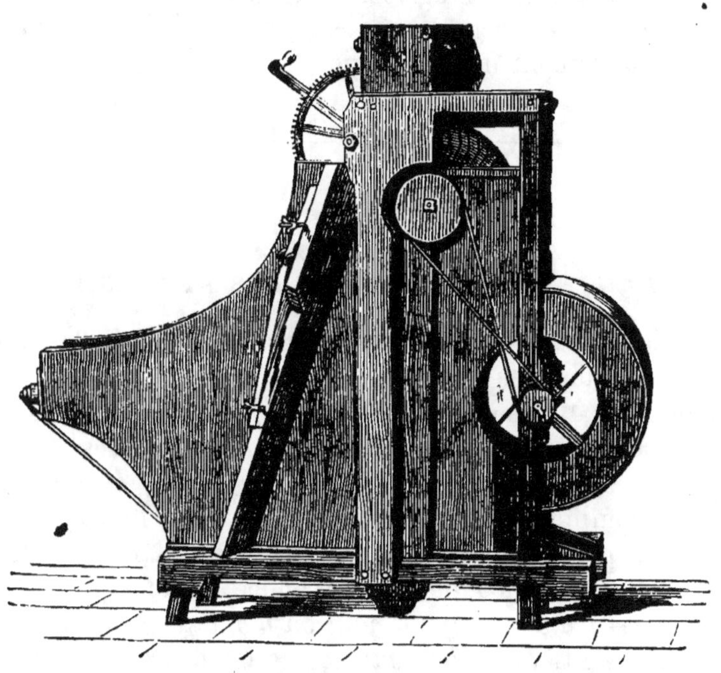

Fig. 15. — Égrenoir à maïs de Desportes.

La *houe à lame pleine* appelée *foussone* ou *bouelle,* la *houe fourchue,* ou *pic,* ou *bigos,* la *pioche* ou *bécasse,* sont les principaux outils dont on fait usage dans les travaux de main-d'œuvre.

On emploie comme véhicules, suivant les accidents et la nature du sol, des *charrettes* à deux roues (fig. 13) ou des *chariots,* ou voitures à quatre roues, que l'on appelle *cars* ou *cas*. Les tombereaux sont souvent appelés *timbarels*.

Enfin, on possède à l'intérieur de beaucoup de fermes des *rouleaux en pierre*, ou des *machines à battre*, des *tarares*, des *égrenoirs à maïs* (fig. 14 et 15), des *égrappoirs* et des *cylindres trieurs* pour nettoyer et trier des céréales.

Quoi qu'il en soit, malgré les soins des Sociétés d'agriculture et des comices agricoles, les instruments aratoires modernes et les machines agricoles perfectionnées se répandent lentement dans la région.

CHAPITRE XIII.

LES PLANTES INDIGÈNES, UTILES ET NUISIBLES.

La région du sud-ouest renferme moins de plantes indigènes et nuisibles que la région du sud.

Végétaux ligneux. — Les terres incultes ou vaines et vagues sont couvertes de diverses plantes ligneuses :

L'*ajonc marin* ou *genêt épineux* est vivace ; on l'utilise comme combustible quand ses tiges sont ligneuses et âgées ; on peut les employer comme litière dans les étables quand on les coupe chaque année ou tous les deux ans. Le *petit ajonc*, l'*ajonc nain* ou *ajonc femelle*, fournit partout une litière ou un *soutrage* de meilleure qualité.

Le *genêt à balais* ou *brane* est commun dans les montagnes Noires, les Landes et le Périgord ; ses tiges servent à faire des balais, des paniers ou on les utilise à chauffer les fours.

La *bruyère à balais*, ou *brande*, se multiplie facilement sur les terres sablonneuses et incultes de la Guienne. Elle sert à faire des balais ou à chauffer les fours. La *bruyère commune*, la *bruyère vagabonde*, la *bruyère ciliée*, la *bruyère à quatre faces* sont très-répandues, mais leurs tiges ligneuses sont plus grêles. On les utilise avec succès comme litière quand elles ont été fauchées pendant l'été.

Plantes herbacées. — La *fougère* est très-commune dans la région. Fauchée au commencement de septembre, lorsqu'elle est encore verte, bien séchée et conservée, elle remplace très-avantageusement la paille comme litière.

Les *chardons*, ou *caoussits*, sont très-nuisibles sur les terrains calcaires. C'est en mars ou avril qu'on doit les extirper ou les détruire sur les terres occupées par les céréales.

La *ravenelle*, ou *rhups* ou *russe*, est annuelle; elle est commune sur les terrains siliceux, argilo-siliceux, schisteux ou granitiques. On la détruit par les binages ou les sarclages. On doit opérer lorsqu'elle commence à fleurir. On ne sépare pas toujours très-aisément les siliques qu'elle fournit des semences des céréales.

La *folle avoine* ou *arratcho*, est aussi nuisible aux céréales du haut Languedoc. C'est par les cultures sarclées qu'on parvient à la détruire. Elle mûrit sa semence avant l'époque de la moisson.

La *crête de coq* (Rhinanthus minor) que les cultivateurs de la vallée de la Garonne appelent *Kiscabel* ou *Kiscabouet*, est très-nuisible aux prairies naturelles. Elle mûrit ses graines avant la floraison des graminées et des légumineuses.

La *cuscute* est commune souvent dans les luzernières. On l'arrête dans son développement en arrosant les surfaces qu'elle a envahies avec une légère dissolution de sulfate de fer ou couperose verte. Elle est répandue dans la région sur la bruyère (fig. 16).

La *vesce velue*, ou *vesseron*, que les Languedociens appellent *gerderi*, est annuelle ; ses tiges grimpantes nuisent beaucoup aux céréales.

Le *liseron des champs*, ou *petit liseron*, est vivace et aussi nuisible. Il est assez difficile à détruire. C'est par les plantes sarclées qu'on arrête sa propagation. Les habitants du Bordelais le nomment *bedille*.

L'*ivraie annuelle* ou *birago* a tous les inconvénients que possède la folle avoine.

Le *roseau à balais* (arundo phragmites) est commun dans les marais mouillés de l'Aunis; le bétail mange volontiers ses tiges et ses feuilles vertes quand elles sont

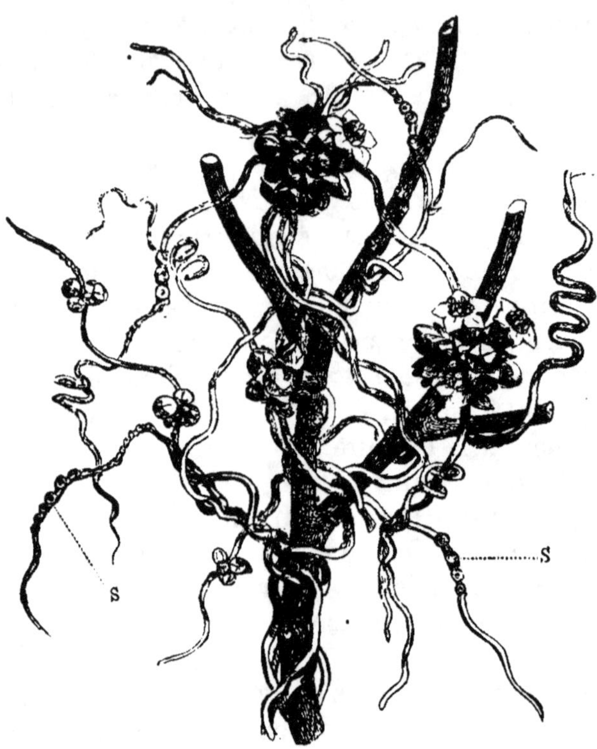

Fig. 16. — Cusc te sur la bruyere.

jeunes. Ses tiges sèches servent à couvrir les maisons, mais elles sont peu durables.

Le *calamagrostis des sables* ou *gourbet* est vivace et a des racines très-traçantes. On l'utilise avec succès dans la Saintonge et le Bordelais pour arrêter ou fixer les sables des dunes.

La *chénopodine maritime* est annuelle, mais très-envahissante. Elle est très-commune dans les marais de la zone maritime de la Charente-Inférieure.

CHAPITRE XIV.

PRINCIPAUX PROCÉDÉS CULTURAUX.

La région du sud-ouest laboure les terres qu'elle cultive soit en billons, soit en planches, soit à plat, selon la nature de la couche arable et la quantité d'engrais qu'elle peut appliquer par hectare. Les billons sont toujours formés avec quatre bandes de terre.

Les terres en *jachère* ou en *radouble* reçoivent ordinairement quatre labours. Dans la plaine de Toulouse, le premier labour, appelé *rastouillat*, se fait en août et septembre ; le second, qui se nomme *bina*, en février ou mars ; et le troisième ou *tersa*, pendant le mois d'avril ; le quatrième labour ou *quartza*, précède de quelques jours la semaille du maïs. Dans la même contrée, les planches sont désignées sous le nom de *moussades*, la dérayure, sous celui de *curade*, et la fourière, sur laquelle tournent les attelages, est appelée *contournade* ou *contournière.*

Sur les coteaux de Gers où les terres sont un peu fortes ou argileuses et calcaires, les jachères destinées au blé ou au maïs reçoivent de cinq à six labours.

Le rouleau, qui est encore peu répandu, est remplacé souvent par une barre en bois. Ainsi, c'est avec cet appareil souvent bien peu efficace qu'on brise les mottes, opération connue sous le nom d'*esturra*.

Après les semailles sur les terres déclives, on ouvre des fossés transversaux, appelés *barradines*, pour empêcher les eaux pluviales d'entraîner les terres végétales dans les vallées. Si cette utile opération était connue des habitants des montagnes des Pyrénées, ils ne se trouveraient pas aussi fréquemment dans l'obligation de transporter, à l'aide de paniers, les terres arables que les pluies ont arrachées aux flancs des terrains fortement inclinés.

Enfin, dans le haut Languedoc on défonce souvent les terres labourables jusqu'à 0^m,30 et 0^m,35 de profondeur avec la fourche à deux branches qu'on nomme *pelversoir*.

Les céréales sont coupées à la faucille ou à la faux. C'est à la fin de juin ou au commencement de juillet qu'on opère la moisson dans la partie sud de la région. Dans la Saintonge, on ne l'exécute que vers la fin de juillet et les premiers jours d'août. Dans la Haute-Garonne on moissonne quelquefois le froment ou le seigle à mi-hauteur avec la faucille ou *boulaut*. Lé chaume ou *crastoul* n'est fauché que lorsque les céréales ont été égrenées.

On bat le blé, le seigle, l'orge et l'avoine, soit au fléau ou *flagel*, soit à l'aide du rouleau, soit au moyen des machines à battre. Le *foulage* ou *dépiquage* à l'aide des pieds des animaux n'est en usage que dans quelques cantons voisins de la région du sud. Dans le Languedoc on bat ordinairement en plein air; dans la Saintonge le battage a aussi lieu en plein air aussitôt la moisson, mais on l'opère ordinairement soit au fléau, soit à l'aide du rouleau et de machines mises en mouvement par un manége ou la vapeur. Dans la Dordogne souvent on ne l'exécute que dans les granges pendant l'automne et l'hiver.

L'égrenage en plein air se fait généralement dans le haut Languedoc et la Guienne avec des rouleaux en pierre de forme conique. Ces rouleaux pèsent de 1500 à 1800 kil.; ils ont 0^m,95 de longueur; leur petit diamètre a de 0^m,84 à 0^m,92, et leur plus grande épaisseur de 0^m,92 à 0^m,97. Ils agissent sur des *aires bouzées* ayant une superficie de 40 à 50 mètres carrés. Ces aires à battre sont garnies d'une couche de céréale ayant 0^m,20 d'épaisseur. Au centre est situé un poteau. Quand les gerbes ont été bien disposées, on fait arriver l'attelage et le rouleau et on réunit les animaux au poteau à l'aide d'une longue corde. A mesure que le rouleau tourne sur lui-même et se rapproche du centre de l'aire, la corde s'enroule autour du poteau ou pour mieux dire d'une tige en fer ou en bois qu'on a implantée dans un trou pratiqué au centre même du poteau. Le rouleau est arrivé à la partie médiane de l'aire quand l'attelage a fait 40 à 45 tours. Alors on retourne sur lui-même le bâton sur lequel la corde s'est enroulée, on fait exécuter à l'attelage un demi-tour sur lui-même et on le met en marche. Lorsque le rouleau est arrivé à son point de départ, la céréale est en partie égrenée. Alors on secoue et on retourne la paille sur elle-même et on fait fonctionner de nouveau le rouleau. Quand l'égrenage est terminé, on secoue la paille pour la mettre en tas, que les Languedociens appellent *paillero*. Six hommes et six femmes sont nécessaires pour que l'opération soit bien exécutée. En une journée lorsque le rendement est satisfaisant, on bat ainsi de 40 à 50 hectolitres. Le grain battu est emmagasiné chaque soir dans le *serre-piles*. On le vanne au vent ou à l'aide d'un tarare.

Dans la Haute-Garonne, les moissonneurs ont droit à un huitième de la récolte. Ce droit est appelé *escoussure* ou *coussure*. Dans le Lot-et-Garonne, la redevance qui est due aux ouvriers qui ont fait la moisson, varie de un sixième à un dixième. Elle est prise sur la part du métayer et se nomme *estibade*.

La *fauchaison* et la *fenaison* se font comme partout. Toutefois, dans les montagnes des Pyrénées, il n'est pas rare de voir le faucheur retenu par une corde attachée à sa ceinture opérer avec facilité la fauchaison de prairies naturelles situées sur des pentes presque verticales.

C'est en hiver qu'on opère les *terrages*, c'est-à-dire le transport à l'intérieur des champs, de la terre que la charrue ou les eaux pluviales ont amenée sur les contournières ou *cheintres*.

CHAPITRE XV.

LES PRAIRIES NATURELLES ET ARTIFICIELLES.

Les cultures fourragères ont une grande importance dans la région du sud-ouest, parce que cette contrée possède un grand nombre de bêtes à cornes.

Prairies naturelles. — Toutes les prairies naturelles qu'on observe dans la région occupent le fond des vallées, les versants des montagnes, les plaines traversées par des canaux d'arrosage ou des alluvions desséchées et situées près du littoral.

Les prairies situées sur les rives de l'Aveyron, de la Garonne, du Tarn, du Lot, de la Dordogne et de la Charente, sont bien établies, verdoyantes, productives et souvent encadrées de peupliers, d'aunes ou de saules. Celles qu'on arrose fournissent souvent trois coupes chaque année. Les prairies naturelles situées dans les vallées ou sur les plateaux des montagnes des Pyrénées et qu'on nomme *pradères,* sont aussi bien entretenues, productives et souvent parfaitement arrosées.

Il existe dans le Blayais et le bas Médoc des herbages sur lesquels on pratique l'engraissement des bœufs. Ces herbages rivalisent sous tous les rapports avec les belles prairies des environs de Marennes.

Mais si on rencontre dans les vallons ou les vallées des localités accidentées, des prairies bien nivelées, toujours riantes et dans lesquelles les plantes graminées se marient dans une juste proportion aux plantes légumineuses, il existe dans les mêmes contrées un grand nombre de prairies naturelles marécageuses qu'on pourrait aisément assainir. Le département de la Dordogne en renferme beaucoup au milieu desquelles les eaux qui sourdent du sol refroidissent la couche arable, font disparaître les légumineuses en favorisant la végétation des joncs, des laîches ou des carex. C'est en ouvrant les rigoles nécessaires au libre écoulement de l'eau fournie par les sources qu'on parviendra, sans engager un capital important, à changer promptement la nature de la production herbacée que fournissent annuellement ces prairies et qu'on pourra utiliser économiquement par le bétail le regain qu'elles produiront à la fin de l'été.

Lorsqu'au printemps l'herbe pousse vigoureusement et qu'on craint qu'elle ne verse et s'altère, on la fait pâturer modérément par des bêtes à cornes. Ce *déprimage* ou *dépaissance* est connu dans le département du Gers sous le nom de *péchédé*.

Les prairies de la plaine de Sorrèze sont bien irriguées et productives.

Les prairies arrosées donnent 7000, 8000, 12 000 et 14 000 kilogr. de foin par hectare. La seconde coupe est moins abondante que la première.

Prairies artificielles. La LUZERNE, qu'on appelle dans le haut Languedoc *lauzerte*, *auserda* ou *sainfoin* est très-répandue dans les localités où les terres sont profondes et de bonne qualité. Elle y forme d'excellentes prairies artificielles ayant suivant la propreté des terres une existence de cinq, six ou sept années. Malheureusement, sa seconde pousse est quelquefois entièrement anéantie par la larve du *négril* qu'on appelle *babotte* ou *chenille des luzernes* ou par la *cuscute*. On a imaginé il y a deux ans une sorte de faux munie d'un récipient qui permet de recueillir chaque jour une quantité considérable de larves du négril, sans être forcé de s'imposer une forte dépense. Ce moyen permettra, s'il est adopté sur toutes les exploitations où le négril existe, de diminuer ses ravages et d'arrêter en grande partie sa propagation. (Voir *les Insectes nuisibles*.)

La cuscute est d'une destruction plus difficile ; cette plante produit de nombreux filaments rougeâtres qui enlacent en tous sens les tiges de la luzerne et finissent par l'étouffer. On a proposé de faucher avec soin les endroits sur lesquels elle s'est développée, d'incinérer et les tiges de luzerne et les filaments de cuscute ou d'arroser les places qu'on a ainsi nettoyées avec une dissolution de sulfate de fer ou vitriol vert très-étendue d'eau. Ce dernier moyen est celui qu'il faut recommander.

La luzerne donne annuellement trois à quatre récoltes, suivant la nature et la fécondité des terres sur lesquelles elle végète. On la sème en automne dans les parties tempérées et au printemps dans les localités où les froids sont un peu intenses pendant l'hiver.

Le SAINFOIN, si connu par ses jolies fleurs rosées et qu'on appelle quelque fois *luzerne*, est très-cultivé sur les coteaux calcaires dès départements de la Haute-Garonne, du Tarn, etc., et sur les terres de même nature qui appartiennent à la Saintonge et à l'Angoumois. Il ne donne deux coupes que sur les terres de bonne qualité; mais il persiste quatre à cinq ans sur le même terrain. Il est moins exigeant que la luzerne.

Le TRÈFLE ROUGE est moins cultivé que la luzerne; nonobstant, il constitue sur les sols profonds et fertiles situés dans les vallées ou dans les parties montagneuses d'excellentes prairies artificielles bisannuelles.

Ces trois légumineuses, la luzerne, le sainfoin et le trèfle, perdent facilement leurs feuilles pendant le fanage quand cette opération est mal exécutée ou lorsqu'elle est faite trop tardivement et par un soleil brûlant.

La VESCE est très-répandue dans la région. On la nomme souvent *garobe*. La JAROSSE est moins connue. Cette dernière légumineuse est appelée *jarousse, jaroussine*.

La vesce que l'on associe au seigle afin qu'elle puisse s'élever aisément et ne pas se coucher sur le sol quand elle végète avec vigueur ou qu'il survient en avril ou mai des pluies violentes, est désignée sous le nom de *dravière*. On la sème en octobre.

La *vesce blanche* est cultivée dans le département du Lot-et-Garonne pour ses graines avec lesquelles on alimente les pigeons des nombreux colombiers existant dans la vallée de la Garonne.

Le TRÈFLE INCARNAT ou *farouch* est très-cultivé dans la région. On le sème ordinairement en août et on le fauche au mois d'avril ou de mai. On a constaté dans le Lot-et-Garonne qu'il avait, comme le trèfle et la luzerne, l'inconvénient de météoriser les bêtes à cornes si on le faisait pâturer le matin avant que la rosée n'ait été dissipée.

Le FENU GREC est aussi cultivé comme plante fourragère dans le pays des Basques.

La BETTERAVE est cultivée comme plante fourragère dans un grand nombre de localités, mais sur de faibles étendues (voir *Région des plaines du Nord*).

La RAVE occupe en automne dans la Guienne et le Périgord des étendues importantes. On l'associe souvent à la culture du maïs. Cette racine fournit au bétail une excellente nourriture fraîche depuis le mois d'octobre jusqu'en janvier (voir *Région des montagnes du Centre*).

La CITROUILLE y est aussi cultivée comme plante alimentaire.

Pâturages. — Les parties montagneuses de la région renferment des pâturages nombreux et excellents pour les bêtes à cornes ou les bêtes à laine. Ces terrains élevés et herbeux ne sont généralement utilisés que pendant la belle saison. Ordinairement, les troupeaux quittent les parties supérieures des Pyrénées vers la fin d'octobre ou au commencement de novembre. Les uns vont hiverner dans les vallées ou les plaines du Languedoc ou de la Gascogne, les autres trouvent asile contre les rigueurs de l'hiver dans les landes de Bordeaux. Sur d'autres points de la région, dans les montagnes Noires, le Quercy et le Périgord, les animaux sont tenus à la lande depuis le printemps jusqu'en automne et hivernent dans les étables et les bergeries. La lande que l'on désigne comme les marais sous le nom de *vacant*, offre souvent entre les bruyères des herbes fines et odorantes.

Les familles auxquelles on confie les immenses troupeaux qui vivent pendant l'été sur les pâturages des montagnes des Pyrénées, quittent souvent complétement les habitations dans lesquelles elles séjournent pendant l'hiver. Ainsi, celles qui passent la belle saison sur les plateaux élevés qui dominent Aulus dans le Consérans, y transportent au printemps leur ménage. Les environs du plateau de Sauret offrent aussi de magnifiques pâturages.

Le contrat passé entre le propriétaire du fonds et le nourrisseur est connu sous le nom de *gazaille*. Cet acte fixe la redevance à payer pour chaque tête bovine ou chaque bête à laine.

Il existe aussi d'excellents pâturages à Saint-Amans, Verdelle, Massaguël et Dourgue (Tarn).

Les vastes pâturages de la Charente-Inférieure nourrissent chaque année un grand nombre de chevaux et de bêtes à cornes.

CHAPITRE XVI.

LES PLANTES ALIMENTAIRES

Les plantes alimentaires cultivées dans la région du sud-ouest sont au nombre de onze, savoir : le *froment*, le *seigle*, l'*orge*, le *maïs*, le *millet*, l'*avoine*, le *sarrasin*, la *fève*, le *haricot*, la *lentille* et la *pomme de terre*.

Céréales. — Le FROMENT est principalement cultivé dans les départements de la Haute-Garonne, du Tarn, des Hautes-Pyrénées, du Lot-et-Garonne et du Gers.

Les variétés cultivées dans ces départements sont assez nombreuses : elles appartiennent au blé ordinaire et au blé poulard.

Le *blé bladette* ou *blé de Roussillon*, *blé razé* a un épi lâche et barbu, son grain est tendre et blanc, c'est pourquoi on l'appelle *blé fin.* Dans la plaine du Languedoc on le nomme souvent *blé bladette de Toulouse*, dans le Gers, *blé salaguet* ou *blé saraignet*. Cetta variété résiste mieux au vent d'autan que le blé sans barbes. Les blés bladettes des coteaux calcaires de Puylaurens sont très-renommés. Le *blé d'Odessa* ou *blé bladette sans barbes*, *blé turc*, *blé touzelle*, *blé moussole* et le *blé touzelle rouge* ou *blé de Roussillon rouge*, sont aussi très-estimés; dans les terres riches, ils sont plus productifs que le blé bladette barbu.

Tous ces blés fournissent des farines très-belles. Il en est de même du *blé bleu* ou *blé de Noé* qu'on cultive çà et là dans la vallée de la Garonne.

A côté de ces variétés à paille creuse, on cultive divers *blés poulards* appelés *gros blés barbus* qui sont productifs. Les variétés les plus répandues sont le *blé de Montauban*, le *blé turquet à barbes blanchâtres* et le *blé turquet à barbes noires* ou *blé regagnon du Languedoc* ou *blé garagnon à barbes noires*. Ces variétés sont souvent désignées sous les noms de *grossagnes* ou *grosailles*. Tous ces blés ont une paille très-grosse et presque pleine; leur grain est très-souvent glacé ou dur.

Nonobstant, on doit citer pour leur belle qualité les blés qu'on récolte à Albi, Lautrec, Lavaur (Tarn), à Montazat, Mirabel, Puy-Laroque et Montpezat (Tarn-et-Garonne), à Garlin, Thèze, Arsacq (Basses-Pyrénées). Enfin, on connaît dans toute la région les belles farines préparées dans les minoteries de Castres, Revel, Albi, Castelnaudary, Nérac, Nay, Orthez, Oleron, Condom et Montauban.

Les blés fins, bladettes ou roussillon donnent de 75 à 80 pour 100 de bonne farine. La minoterie de Toulouse retire du blé les produits suivants : la *farine pure, fleur de farine* ou *minot;* la *farine proprement dite* qui est la plus riche en gluten; les *résillons* ou les gruaux; les *basses matières* ou les issues qui se divisent en *repasse* et en *sons*.

Sous le nom de *minot*, de *blé mitadenc*, on désigne un mélange de blé fin et de gros blé.

Le méteil est aussi connu sous le nom *le metaden* dans le département de la Haute-Garonne et sous celui de *carron* dans les Hautes-Pyrénées.

Les semailles de froment sont exécutées depuis le 1ᵉʳ octobre jusqu'au 1ᵉʳ décembre, suivant la nature du sol et l'altitude du terrain. On répand par hectare, selon la fertilité de la couche arable, de 250 à 500 litres ; la quantité moyenne dépasse rarement 3 hectolitres. Les semences sont souvent enfouies sous la charrue.

La moisson a lieu du 15 juin au 15 août, selon que le blé est cultivé dans les plaines, sur les coteaux dans les montagnes ou au midi ou au nord de la région.

Le *blé de mars* ou *tremezo* est très-peu cultivé dans la région.

Le SEIGLE est culiivé sur les sables du département des Landes, dans les montagnes Noires et les parties élevées et accidentées du Quercy, du Périgord et des Pyrénées. A Gèdre et à Gavarnie, on le sème en septembre pour le récolter en août. Ailleurs et surtout dans les plaines et sur les plateaux, on le moissonne du 15 au 25 juin ou au commencement de juillet.

L'ORGE *d'automne* ou *escourgeon d'hiver* se sème vers la fin d'octobre et se récolte dans la seconde quinzaine de juin. L'*orge commune de printemps* ou *orge à deux rangs* que l'on nomme *baillorge* dans la Saintonge et *palmoule* ou *poumèle* dans la Haute-Garonne est cultivée jusque sur le versant des montagnes des Pyrénées. On la sème en mars ou en avril, suivant les localités, pour la récolter à la fin de juillet ou au commencement d'août. A Scia et à Gèdre (Hautes Pyrénées), on ne la moissonne souvent qu'en septembre.

Le MAÏS, qu'on nomme vulgairement *mil, millet, blé d'Espagne* (fig. 17), est très-cultivé dans toute la région, sauf dans les parties froides du Périgord, du Quercy, du comté de Foix, du Languedoc, du Béarn et de la Navarre. Il était cultivé en 1698 dans la basse Navarre et le Béarn sous le nom de *millet des Indes*. A la fin d'août, ses tiges

Fig. 17. — Maïs ou blé d'Espagne.

atteignent souvent deux mètres de hauteur dans la plaine de Tarbes, lorsqu'on peut le cultiver à l'arrosage.

On cultive dans la région quatre variétés particulières : 1° *maïs jaune gros*, qui est productif, mais qui a l'inconvénient d'être très-tardif (fig. 18, 1); 2° le *maïs blanc des landes* qui est plus précoce que le précédent et qui réussit très-bien sur les terres légères; 3° le *maïs jaune à petits grains*, qui a des épis très-allongés et nombreux, mais une tige moins développée; 4° le *maïs blanc à petits grains* ayant à peu près les caractères de la variété précédente. Ces deux dernières variétés sont connues sous le nom de *millette*.

Le maïs végète ordinairement pendant 135 à 150 jours. Les terres qui lui conviennent le mieux sont celles qui sont argilo-siliceuses profondes, comme celles de l'Albigeois, du Toulousain et de la Bigorre et celles de la vallée de la Garonne.

Lorsque le sol a été bien préparé, soit à plat, soit en sillons, et qu'on l'a convenablement fumé, on le sème dans les sillons pratiqués avec le rayonneur et espacés les uns des autres de $0^m,70$, ou on le plante avec le plantoir sur les côtés méridionaux des billons. Dans la Chalosse, on quadrille le sol avec un rayonneur et on enterre deux graines à chaque intersection. Ces semis se font du 1er avril à la fin de mai, quand on n'a plus à craindre de gelées. Il est très-utile que les semences soient enterrées de $0^m,4$ à $0^m,6$. Quelquefois on sème sous raies et derrière la charrue, en espaçant les grains de $0^m,33$ environ. Dans le Tarn et la vallée de la Garonne, les lignes sont souvent éloignées les unes des autres de $0^m,75$ à 1 mètre.

Sur quelques points de la région, on associe le haricot au maïs, ou on cultive, entre les lignes, des pommes de terre, des betteraves ou des citrouilles.

Quand le maïs a 4 à 6 feuilles, on le bine, et lorsque ses tiges ont environ $0^m,50$ de hauteur, on l'éclaircit, on coupe les rejets qui se sont développés et on le butte soit à la houe, soit à l'aide du buttoir ou de la charrue. Enfin,

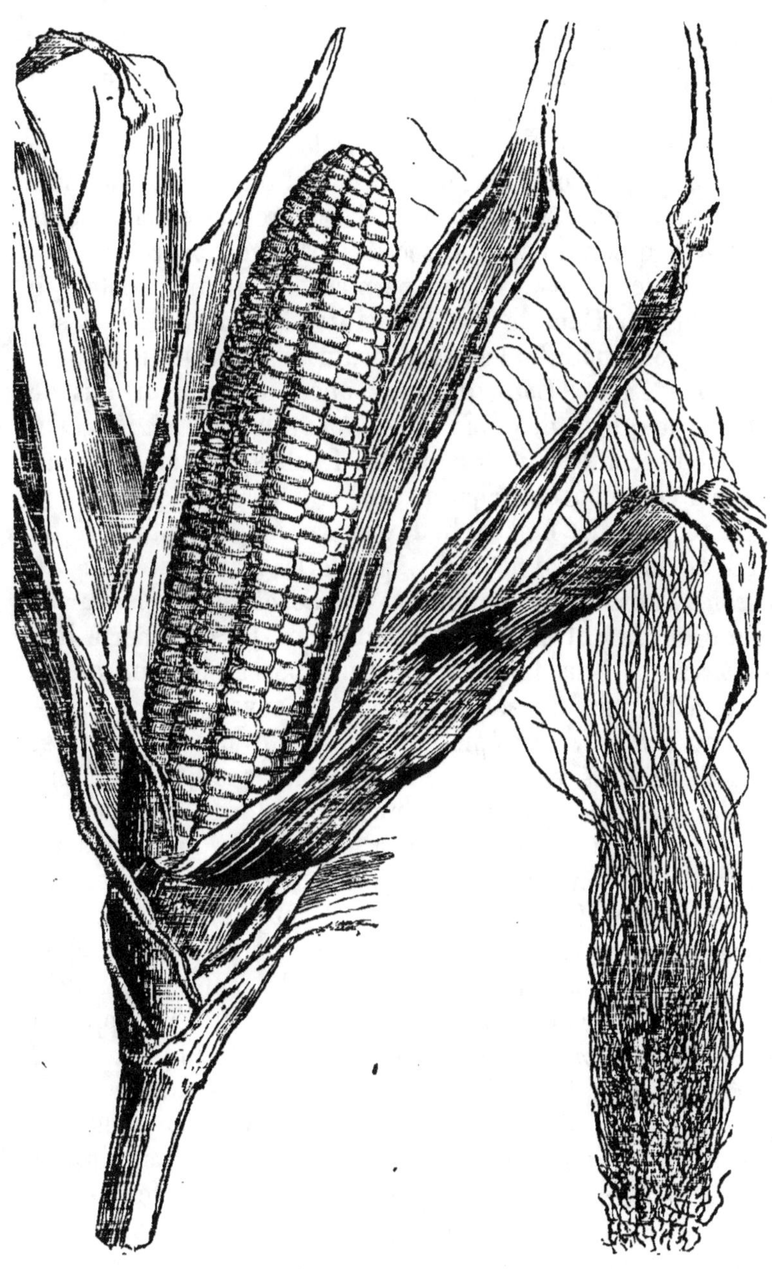

Fig. 18. — 1° Épi de maïs; 2° étamines on filets.

lorsque la fécondation a eu lieu ou que les filaments (fig. 18,2) sont bruns noir, on rabat toutes les tiges au-dessus du nœud qui domine le dernier épi. Ces sommités floréales ou *crêtes*, ainsi que les pieds provenant de l'éclaircissage, sont donnés au bétail ou liés en paquets qu'on met aussitôt à sécher. C'est ordinairement après l'écimage qu'on opère le second battage, opération qui consolide les tiges et leur permet de mieux résister au vent d'autan. Dans le but de faciliter l'action du soleil sur les épis, on effeuille les tiges ordinairement quinze jours avant la récolte. Cette dernière opération a pour but de hâter la maturité des épis ou *millogues* ou *carrouilho*. On ne doit l'exécuter que lorsque les feuilles qui enveloppent les épis commencent à jaunir.

La récolte des épis a lieu vers la fin de septembre ou pendant le mois d'octobre, quand le grain est mûr ou *rasson*. Tantôt on dépouille ou on *dérobe* les épis sur le champ où ils ont été récoltés, tantôt on les transporte immédiatement à la ferme pour les exposer sur une aire à battre à l'ardeur du soleil. Quand les enveloppes, ou *spathes*, ou *tuniques* des épis ou *fusées* sont presque sèches, on dépouille les épis en renversant les spathes vers leur base au lieu de les arracher, puis on en forme des paquets ou des tresses qu'on expose à l'action de l'air sous un hangar, dans un grenier ou sur les façades méridionales des bâtiments. C'est vers la fin de l'automne et pendant l'hiver qu'on procède à l'égrenage ou *engruna*. Cette opération se fait à la main ou en raclant les épis ou *panouils* contre une barre de fer carrée ou au moyen d'un appareil dit *égrenoir à maïs* (Voir p. 69). Dans la Haute-Garonne, on égrène le maïs en frottant les épis contre une barre de fer située au milieu d'une *comporte* ou vase en bois qui sert à transporter la vendange. Dans les pays castrais, on bat les épis après les avoir placés sur une claie formée de baguettes de houx assez rapprochées les unes des autres.

Dans les bonnes cultures, le maïs produit de 25 à 40 hectolitres de graines par hectare. Dans le département des Landes, son rendement varie entre 15 et 25 hecto-litres.

Le grain du maïs mêlé au froment, dans la proportion de 50 ou 25 pour 100, fournit une farine avec laquelle on fait un pain qui est d'excellente qualité et qu'on nomme *pain de méture*.

La bouillie qu'on fait avec la farine de maïs est connue dans le Languedoc sous les noms de *scoton*, *mille*, *rimotte*, *millas*, *millot*, *millasse*; dans la Dordogne, on l'appelle *escoton*. Dans les contrées pauvres de la région, le pain de froment est souvent encore un aliment de luxe.

La *rafle* ou *charbon blanc* ou *papeton*, est utilisée comme combustible ou dans l'alimentation du bétail. Alliée aux feuilles, aux petites tiges, après avoir été broyée, elle forme les mélanges que les Languedociens nomment *trouisses* ou *camborles*. Les racines sèches sont utilisées comme combustible.

Le maïs est sujet à être attaqué par le *charbon* (fig. 19). On doit extirper avec soin les pieds sur lesquels s'est développé ce cryptogame ou champignon noir.

L'AVOINE occupe annuellement une surface limitée. La variété la plus répandue est l'*avoine d'hiver*, qu'on sème en octobre, à raison de 200 litres par hectare, et qu'on récolte au commencement de juillet (Voir *Région de l'ouest*). L'*avoine de printemps*, à graine blanche ou graine noire, suivant les localités, est semée en février, à raison de 250 litres par hectare; on la récolte à la fin de juillet. La variété à graine noire est la plus estimée.

Le MILLET est cultivé dans les sables de la Guienne. Ses panicules sont tantôt à graines blanches, tantôt à graines noires. On le sème sur le sommet des billons en avril ou mai et on le récolte vers la fin d'août. On le nomme ordinairement *millet à panicules*.

Le SARRASIN est cultivé dans les montagnes de la Dordogne, du Tarn, du Tarn-et-Garonne, des Hautes-Pyrénées et de la Haute-Garonne. Dans le Béarn, on l'appelle souvent *millet carré*. Dans l'arrondissement de Saint-Gaudens (Haute-Garonne), on le sème du 1er au 15 juillet et on le récolte dans la première quinzaine d'octobre. Ailleurs, on le sème en mai et juin pour le récolter pendant le mois de septembre (Voir *Région de l'ouest*).

Légumineuses. — Le HARICOT NAIN, ou *mongète*, est

Fig. 19. — Charbon du maïs.

cultivé assez en grand dans les plaines et les vallées où les terres sont fertiles et de consistance moyenne. On le sème souvent en lignés espacées de 0^m,40 à 0^m,50. Les variétés à rames sont toujours cultivées par la petite culture.

Dans le Maransin et aussi aux environs de Bayonne, on cultive, sous le nom de *habine*, une variété de *dolique* à gousse très-longue et à graines blanches ayant un ombilic noir. Ce haricot exige une température trop élevée pour qu'on puisse le cultiver dans le Quercy et le Périgord.

La LENTILLE est cultivée dans les plaines de Lavaur et de Toulouse et dans quelques vallées des Hautes-Pyrénées. On la sème ordinairement en décembre pour la récolter à la fin de juillet.

La FÈVE est plus répandue. On la cultive dans le Tarn, les Hautes et Basses-Pyrénées, la Haute-Garonne, la Charente et la Charente-Inférieure.

On la sème avant ou pendant l'hiver. Souvent dans la vallée de la Garonne, chaque billon, présente deux rangées de plantes. On lui réserve partout des terres fortes ou argileuses. Les *fèves de Marans* sont très-estimées (Voir *Région de l'ouest*).

Dans les Basses-Pyrénées on cultive quelquefois simultanément sur le même terrain le froment et la fève.

La fèverole est peu cultivée dans la région.

CHAPITRE XVII.

LES PLANTES INDUSTRIELLES.

La région du sud-ouest cultive un assez grand nombre de plantes industrielles.

Plantes textiles. — Les plantes textiles ou *plantes filamenteuses* sont au nombre de deux : le lin et le chanvre.

Le LIN D'HIVER est cultivé à Vic, Argelès, Lourdes (Haute-Garonne), Sorde, Saint-Sever (Landes). On le cultive aussi dans les départements des Basses-Pyrénées, de l'Ariége, du Gers, etc.

On le sème, suivant les localités, depuis la fin de septembre jusqu'au 15 octobre, avant ou après les vendanges;

on le sarcle avant la fin de l'hiver et on l'arrache en juin ou au plus tard au commencement de juillet. On le fait rouir après la moisson et quand il est bien sec, on le conserve dans un local sec pour le broyer ou le *brager* quand les travaux des champs le permettent. On doit l'arracher lorsqu'il est en pleine fleur et renoncer à la récolte des graines si on veut obtenir une filasse de première qualité.

Le *lin de printemps* se sème au mois de mars. Celui qu'on récolte à Lescau et aux environs de Pau est très-beau. Cette variété est bien moins répandue que le lin d'hiver.

Le CHANVRE est surtout cultivé dans la vallée de la Garonne. La valeur de la quantité qu'on récolte annuellement dans le département du Lot-et-Garonne est évaluée à 2 millions. On cultive aussi le chanvre dans les plaines de l'Ariége, dans celles du Tarn et de la Haute-Garonne.

Le terrain à chanvre (*lou cannebal*) le plus productif est situé sur les territoires de Tonneins, Sénestris et Marmande.

Cette plante exige des terres fertiles, profondes, des alluvions de bonne qualité et un peu fraîches. On la sème en avril ou en mai, selon les localités, à la dose de 200 à 250 litres par hectare. Les semis se font à la volée, sur des terres parfaitement préparées et ameublies. On doit bien enterrer les graines, parce que les pigeons, les tourterelles, les grives, les poules, etc., en sont très-avides.

On sarcle, si cela est nécessaire, quand le chanvre a 0^m10 à 0^m20 de hauteur. On doit extirper avec soin l'*orobanche*, plante parasite qui se fixe sur les racines et vit aux dépens de la tige (Voir *Région de l'ouest*).

On arrache d'abord le *chanvre mâle*, puis ensuite le *chanvre femelle* (fig. 20). Le premier mûrit vers la fin de juillet; le second atteint son complet développement vers le 20 août. Quand les tiges sont sèches, on les fait rouir dans la Garonne, dans les petits cours d'eau, les *échampoirs* des moulins ou dans des routoirs à eau dormante

Fig. 20. — 1° Chanvre femelle; 2° Chanvre mâle.

(Voir *Région de l'ouest*). Lorsqu'on demande des graines aux pieds femelles, on ne les arrache que quand la plupart des semences sont mûres; on les dresse sur le sol pendant cinq à six jours et on procède ensuite à leur égrenage. On doit agir avec précaution, afin de ne pas écraser les semences.

Les chanvres de la vallée de la Garonne sont généralement connus sous le nom de *chanvres de Tonneins*; leurs fibres sont grossières et un peu brunes. On les utilise dans la fabrication des toiles de marine, des cordages et des ficelles communes. On compte dans l'Agenais 42 fabriques de cordages.

Plantes aromatiques. — L'anis et la coriandre sont cultivés assez en grand dans les départements du Tarn et du Gers.

L'ANIS (fig. 21) se sème à la volée en avril, sur des terrains silico-calcaires perméables, à raison de 7 à 8 kilog. par hectare. Les brouillards et les rosées lui sont nuisibles et rendent la récolte très-casuelle. La cueillette est longue et exige beaucoup de travail, parce qu'on ne l'opère que successivement, c'est-à-dire à mesure que les ombelles mûrissent leurs graines. On opère le battage avec une petite gaule. Lorsque les plantes ont bien végété, elles donnent de 500 à 600 kilog. de graines par hectare.

L'*anis du Tarn* ou *anis d'Abi*, est de moyenne grosseur et très-aromatique; on le livre au commerce dans des balles de toile pesant 100 kilog.; on le vend en moyenne 120 francs les 100 kilog.

C'est dans les arrondissements d'Albi et de Gaillac et surtout à Cordes qu'on cultive cette plante aromatique.

La CORIANDRE (fig. 22) est aussi cultivée dans les départements du Tarn et du Gers. On la sème à la volée en mars et avril pour la récolter en juillet ou août, à mesure de la maturité des ombelles. On opère le battage avec une gaule flexible et légère.

La coriandre sert à aromatiser les dragées ou à fabriquer des liqueurs spéciales. On la vend de 30 à 40 francs

lés 100 kilog. Elle est de belle qualité quand elle est
blonde ou jaune rougeâtre. Les pluies prolongées la noir-
cissent. Elle demande, comme l'anis, des terres légères
et bien exposées.

Fig. 21. — Anis.

Le FENU GREC est cultivé pour sa semence aromatique
dans le département du Tarn. On le sème soit au mois de
septembre, soit au mois de mars. On le récolte au com-

mencement d'août. Il produit de 100 à 120 kilog. de graines. Ces semences sont données aux bêtes à cornes et
aux chevaux qu'on veut engraisser; elles les excitent à
boire et rend leur digestion plus facile.

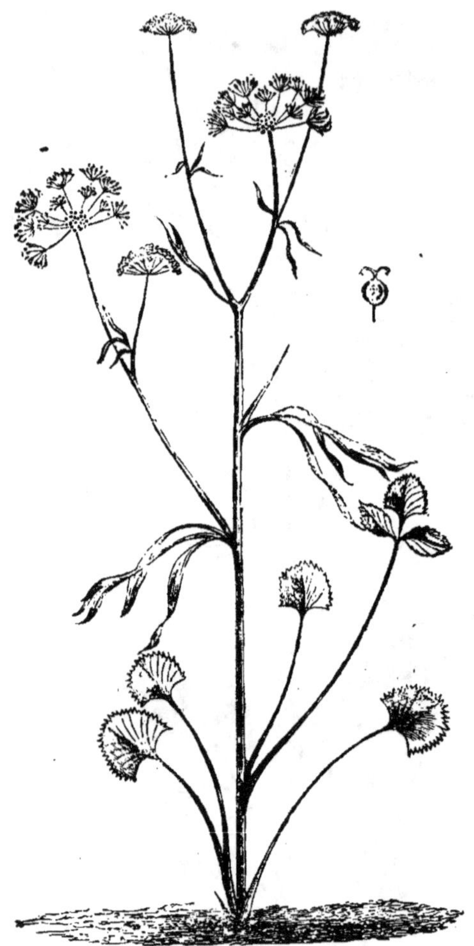

Fig. 22. — Coriandre.

Le HOUBLON est cultivé aux environs de Bazas (Gironde).
Les cônes qu'il a donnés dans cette partie de la région,
sont de bonne qualité. (Voir *Région du nord-est.*)

Plantes oléagineuses. — Le colza et la navette sont cultivés dans la région comme plantes oléagineuses.

La culture du COLZA D'HIVER est répandue dans les plaines de Toulouse et de Villefranche, dans la vallée de la Garonne et sur les bonnes terres argilo-calcaires des arrondissements de Ruffec et de Confolens. Dans l'arrondissement de Marmande (Lot-et-Garonne), il occupe annuellement plus de 1000 hectares.

On le sème soit en place, soit en pépinière, du 15 août au 15 septembre. Nonobstant, les semis ou les transplantations se font toujours sur des terres disposées en billons composés de quatre raies. On donne un binage en automne et au printemps quand le colza a été semé en place. On a soin dans ce dernier cas d'éclaircir les plantes de manière qu'elles soient espacées sur les lignes les unes des autres de 0^m,25 à 0^m,35. On butte avec le buttoir avant que le colza ne développe au printemps ses tiges secondaires. On *écime* quelquefois toutes les ramifications principales dans le but de provoquer le développement d'un plus grand nombre de tiges latérales.

Le colza arrive à maturité dans la première quinzaine de juin. On le coupe à la faucille le matin de bonne heure et dans la soirée, lorsque la température est élevée, afin de perdre le moins possible de graines par l'égrenage et on le met en petites meules. On le bat ordinairement sur une grande toile ou *banne* étendue sur une aire à battre les céréales. Dans la vallée de la Garonne, le colza produit en moyenne de 18 à 25 hectolitres de graines par hectare.

La NAVETTE est toujours semée à la volée sur des terres calcaires de qualité secondaire. Elle est moins productive que le colza. On la sème en septembre pour la récolter au commencement de juin.

Plantes économiques. — Le TABAC (fig. 23) est cultivé dans les départements du Lot-et-Garonne, du Lot, de la Gironde, de la Dordogne et des Landes. Il occupe annuellement 2000 hectares dans les cantons de Tonneins, Port-Sainte-Marie et Aiguillon.

Fig. 23. — Tabac en fleur.

On sème le tabac sur une plate-bande exposée au midi, et garantie du nord et de l'ouest par un mur, une haie sèche ou des paillassons fixés verticalement à l'aide d'échalas. Les semis se font en février ou mars. On doit les garantir des gelées tardives par des châssis, ou des toiles ou des paillassons. On éclaircit les plants quand ils ont quelques feuilles, s'ils sont trop nombreux. Il faut qu'ils soient séparés les uns des autres de $0^m,03$ à $0^m,06$.

On opère la mise en place des plants en mai ou en juin, quand les tabacs ont quatre à six feuilles. Cette opération doit être terminée avant le 10 juin dans le épartement du Lot et avant le 25 juin dans celui du Lot-et-Garonne.

Le tabac demande des terres de consistance moyenne, profondes, fraîches, fertiles et parfaitement préparées. Les tabacs qu'on récolte dans le Lot-et-Garonne, sur les sols argilo-siliceux sont légers, corsés et ont une très-bonne séve; ceux que produisent les terres argileuses ou fortes sont lourds, mous et ont peu de séve.

Tous les pieds doivent être espacés les uns des autres, de 1 mètre en tous sens. Il en faut donc 10 000 pour planter un hectare. Toutefois, l'administration des tabacs tolère ordinairement un cinquième en moins ou en plus, soit 8000 ou 12 000 plants par hectare. On doit lever les tabacs avec une motte et les transporter dans des paniers protégés par une toile si le soleil est ardent. On arrose après la mise en place, si cela est nécessaire. Huit à dix jours après on remplace les pieds morts ou qui ont été détruits par les limaces. On bine deux ou trois fois, on écime et on ébourgeonne successivement et on butte tous les pieds (fig. 25). L'écimage doit être terminé le 15 août, et chaque pied ne doit porter que 9 feuilles. L'ébourgeonnage se répète tous les huit à douze jours.

La récolte des feuilles se fait vers la fin d'août ou le commencement de septembre, soit 85 à 100 jours après la plantation. On opère la coupe des pieds par un beau temps et après la disparition de la rosée, pour les laisser pendant plusieurs heures sur le sol à l'action du soleil. On les rapporte ensuite à la ferme pour les suspendre à des perches placées sous un hangar ou dans un bâtiment aéré. Cette *mise des tiges à la pente* (fig. 26) exige six journées d'homme par hectare. Au bout d'un mois ou six semaines, on dé-

Fig. 25. — Pieds de tabac écimés et buttés.

tache les tiges, on les donne à des femmes pour qu'elles les effeuillent. Cette effeuillaison exige l'emploie de quatorze femmes par hectare. Les feuilles qu'on a ainsi détachées sont mises en tas ou *marcs*, pour qu'elles soient plus

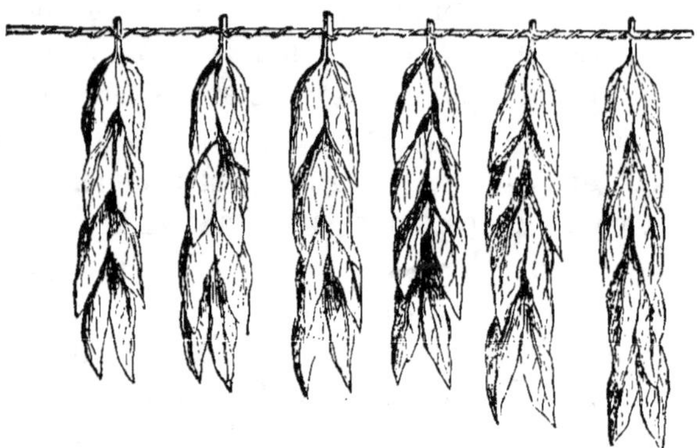

Fig. 26. — Tabac à la pente.

souples et plus onctueuses. Ces tas ont de 0^m,65 à 0^m,75 de hauteur. Au bout de dix à quinze jours, on défait les tas, on bat les feuilles les unes contre les autres, et on les met une seconde fois en monceaux. Après six à huit jours, quand elles commencent à fermenter, on procède à leur triage. Cette opération exige quinze journées de femme ; elle consiste à réunir les feuilles de même grandeur, de même couleur et de même qualité et doit être faite par des personnes habituées à ce genre de travail. On procède ensuite à la mise des feuilles en paquets ou *manoques*. Toutes les feuilles doivent avoir leurs côtes en dehors. Chaque manoque est formé de vingt feuilles. Quand cette opération est terminée, on réunit les manoques en *masses* ou *piles* de 1ᵐ,30 à 1ᵐ,50 de hauteur sur 2 mètres de largeur; on comprime le tout avec des madriers. Ces masses restent ainsi pendant un mois à six semaines; la température résultant de la fermentation qui s'opère dans la masse, ne doit pas dépasser 30 degrés. Le tabac qu'on a ainsi traité est plus foncé et il a plus de qualité. On le livre à l'administration du 1ᵉʳ au 30 janvier.

Les tabacs qu'on cultive dans le Lot donnent par hectare de 650 à 1000 kilogr. de feuilles; celui du Lot-et-Garonne produit de 400 à 500 kilogr., celui de la Dordogne, de 1200 à 1400 kilogr. de feuilles.

La première qualité est payée de 130 à 140 fr., la deuxième de 100 à 110 fr., la troisième de 70 à 80 fr. les 100 kilogr. Les tabacs non marchands ou non classés valent de 10 à 50 fr.

Un hectare donne un bénéfice net qui varie de 300 à 400 fr. Il rapporte brut de 900 à 1200 fr.

Le tabac du Lot est le plus estimé : il est fort et corsé; son odeur est pénétrante. La poudre qu'il fournit a beaucoup de montant. Le tabac de la Dordogne est le moins bon des tabacs récoltés dans la région.

En moyenne, chaque planteur ne cultive pas moins de 30 ares dans le département du Lot et pas au delà de 60 ares dans le département du Lot-et-Garonne, et de 40 ares dans celui de la Gironde.

C'est dans les arrondissements de Cahors, Figeac et Gourdon (Lot), Agen, Marmande, Nérac et Villeneuve (Lot-et-Garonne), Périgueux et Sarlat (Dordogne) que la culture de cette plante a été autorisée dans la région du sud-ouest.

Le département des Landes a été autorisé à expérimenter la culture du tabac.

Sorgho à balais. — Le sorgho à balais (fig. 27) occupe annuellement d'importantes surfaces dans la vallée de la Garonne. On le cultive aussi dans la vallée de la Vezère (Charente) sous le nom de *pourpairole*.

On le cultive exactement comme le maïs, à cette exception cependant que les pieds sont un peu plus rapprochés sur les lignes.

Lorsque ses longues panicules sont arrivées à maturité, on les coupe en leur laissant la partie supérieure de la tige. Cette queue doit avoir en moyenne 0^m,33 de longueur. Cette récolte se fait au commencement de septembre. On réunit ensuite les panicules en bottes, on les transporte à la ferme pour les suspendre à des perches, ou des cordes tendues dans un grenier, une grange, ou sous un hangar, en ayant soin de diriger les panicules vers le sol, afin que les pédicelles, en séchant, restent aussi droits que possible. Cette dessiccation dure environ quinze jours. On égrène ensuite les panicules, en évitant de briser les pédicelles. Les graines (fig. 27 A) sont livrées à la vente, ou réservées pour les volailles. Les panicules égrenées servent à fabriquer les *balais blancs* qui sont tantôt cylindriques, tantôt en forme d'éventail. Ces balais pèsent, en moyenne, de 500 à 600 grammes; leur manche qui a toujours été pelé ou blanchi a 0^m,90 de longueur et 0^m,03 de diamètre. Les cultivateurs qui ne vendent pas les panicules en paquets, et qui, pendant les veillées les disposent en balais, achètent les manches de 5 à 6 fr. le cent.

Les balais ordinaires et cylindriques, bien liés avec de l'osier blanc, se vendent par douzaine, à raison de 35 à 50 fr. les 100 kilogr. Les panicules sont livrées au commerce en gros paquets, au prix de 30 à 40 fr. les 100 kilogr.

Plantes tinctoriales. — On cultive le PASTEL ou *guède*

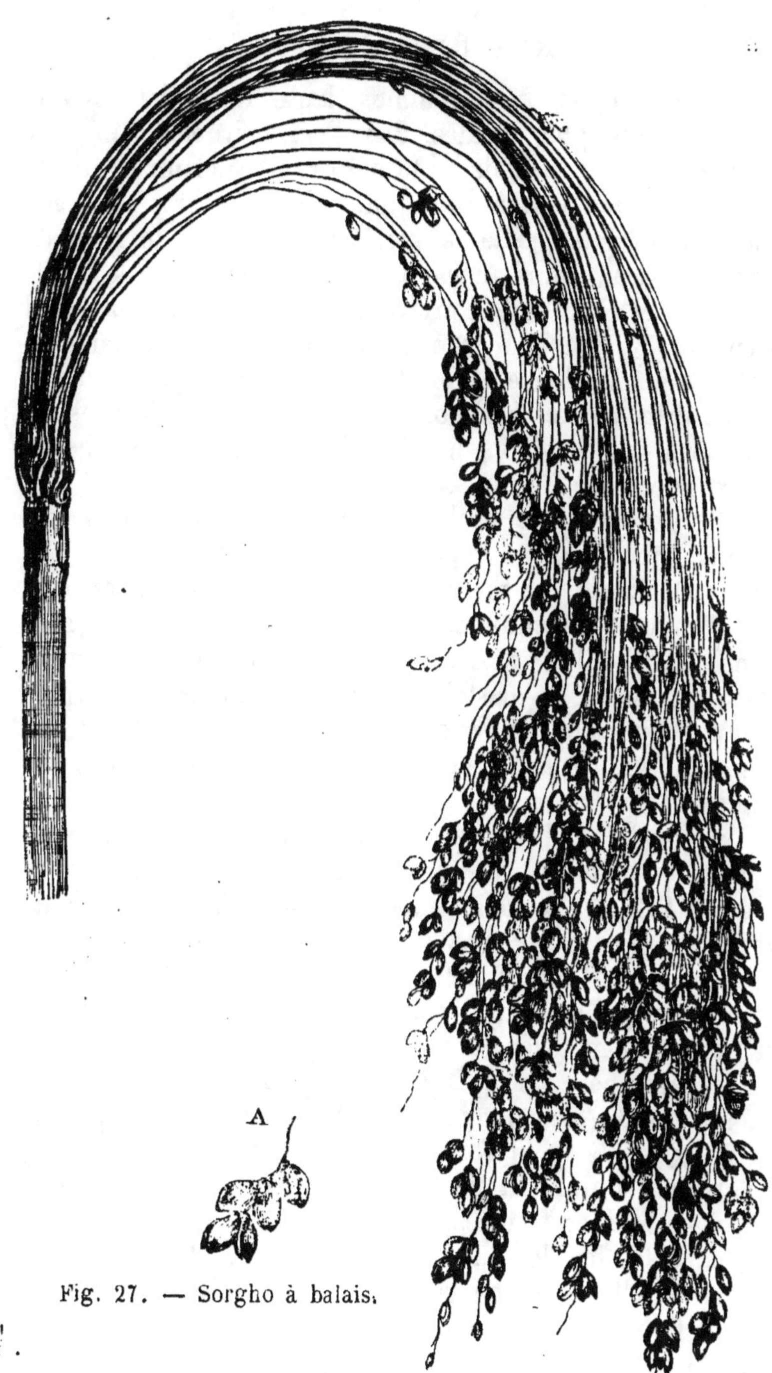

Fig. 27. — Sorgho à balais.

ou herbe *lauraguaise* comme plante tinctoriale depuis les temps les plus reculés, dans les environs d'Albi, sur les bords du Tarn, mais cette culture a beaucoup perdu de son importance depuis que l'industrie et les arts ont remplacé en grande partie le bleu du pastel par le bleu de l'indigo. Les ordonnances de Charles le Bel, Jean II, Charles V et Charles VII prouvent que la culture du pastel occupait autrefois de grandes étendues de terre dans les diocèses de Toulouse, Albi, Lavaur, Saint-Papoul, du bas Montauban et du Mirepoix. Les plus beaux édifices de Toulouse ont été bâtis par les fabricants de pastel; l'un d'eux, Pierre de Bernin, cautionna pour la rançon de François 1er. Au seizième siècle les localités précitées vendaient annuellement 200 000 balles de pastel, ayant une valeur de 3 000 000 livres. Le meilleur pastel se récoltait alors dans le Lauraguais appelé *pays de Cocaigne* ou de *Cocagne* (nom donné aux feuilles préparées) parce que ceux qui cultivaient et fabriquaient le pastel, s'enrichissaient très-promptement. Aujourd'hui la valeur du pastel préparé annuellement dans le département du Tarn, ne dépasse pas 50 000 francs.

Le pastel est bisannuel; on le sème à la volée, en septembre ou octobre, sur des terres profondes, bien exposées au soleil et fertiles. On bine et on éclaircit les plants avant l'hiver, et on arrache les pieds qui ont des feuilles velues et qui appartiennent au *pastel bâtard*. En juin, quand les feuilles sont développées et bleuâtres, on les récolte avec la main en tordant leurs pétioles; on doit éviter de les arracher. On peut se servir d'une faucille. Il faut opérer par un beau temps et après la rosée. On répète la récolte jusqu'à cinq fois, en opérant tous les vingt ou vingt-cinq jours. Un hectare produit de 15 000 à 20 000 kilog. de feuilles fraîches.

Quand les feuilles ont été rapportées à la ferme, on les secoue si elles sont couvertes de terre, on les laisse un peu se flétrir et on les réduit en pâte à l'aide d'une meule verticale à rainures, située dans une auge circulaire. Quand la pâte a été ainsi préparée, on la retire de l'auge, on la comprime avec les pieds et on la dispose sous un hangar en tas un peu convexe et à surfaces unies avec la pelle, afin qu'elle fermente. Au bout de quatre à six jours, on la divise, on la remue et on la remet en tas pour qu'elle se *mûrisse* encore. On bouche tous les jours les crevasses qui s'y forment. Quand la pâte a fermenté sans moisir, on la broie de nouveau, on la met en tas pour qu'elle conserve une partie de son humidité, et on la moule avec les mains en pains ayant la forme d'une poire allongée ou d'un cône tronqué et qu'on met ensuite à sécher sur des claies situées sous un hangar ou dans un grenier. Ces pains sont connus sous les noms de *coques* ou *cocagnes*.

Les feuilles récoltées sur un hectare permettent de fabriquer environ 20 000 coques, qui pèsent ensemble 1200 kilog. et contiennent de 36 à 44 kilog. d'indigo. Ces coques se vendent 2 fr. 50 le cent; elles servent à monter les cuves d'indigo; elles rendent la teinture bleue plus solide.

Le SAFRAN était, au seizième siècle, cultivé très en grand dans l'Albigeois, le Lauraguais et l'Angoumois. Sa culture prit une telle extension après 1520, que l'Angoumois put en fournir à toute la France et à l'Allemagne. De nos jours, on ne le cultive dans la région que dans la commune de Champniers (Charente). C'est en 1805 que sa culture a été abandonnée dans les communes de Balsac, Salles et Bayeux. L'hiver de 1776, qui lui avait été très-nuisible, l'avait fait déjà exclure d'un grand nombre d'exploitations.

C'est à Montignac (Dordogne), en 1567, qu'a été écrit le premier ouvrage français sur la culture de cette plante tinctoriale (voir *Région des plaines du centre*).

CHAPITRE XVIII.

LES CULTURES FRUITIÈRES.

La région du sud-ouest possède d'importantes cultures fruitières. Ainsi, elle cultive très en grand la vigne, le prunier, l'abricotier, le noyer et le châtaignier.

SECTION I.

LA VIGNE.

Généralités. — La vigne occupe, dans la région, des coteaux ou des plaines et elle végète sur des sols sablonneux, des terres graveleuses, argilo-calcaires ou argileuses à sous-sols plus ou moins perméables.

Elle y est dirigée : 1° en *vignes basses ou rampantes;* 2° en *vignes moyennes;* 3° en *vignes en treilles basses ou moyennes;* 4° en *vignes échalassées;* 5° en *vignes en hautains.* On la cultive ordinairement *en plein;* c'est accidentellement qu'elle y est disposée en *joualles.*

Quelquefois on la provigne, mais le plus généralement on la propage par *boutures* enracinées ou non, ou par *crossettes.* Ces boutures sont plantées dans des *fosses* ou à l'aide de la *barre de fer* ou *du pal.* Les lignes qu'elle y forme sont plus ou moins espacées selon les localités.

On la taille depuis le mois de décembre jusqu'en mars. Ici, les coursons sont courts; ailleurs, ils portent six à huit yeux. Dans diverses localités, on ménage ordinairement sur chaque cep un ou deux *archets* ou *hastes.*

Les terres qu'elle occupe sont rarement fertilisées avec du fumier. Ces engrais y sont remplacés par des composts, de la marne ou des engrais végétaux.

On façonne le terrain où elle est située soit à bras, soit à la charrue, suivant le nombre et la disposition des ceps.

Sur un grand nombre de points, on la soufre avec soin à plusieurs reprises pendant sa végétation, dans le but de prévenir l'*oïdium* ou de l'arrêter dans son développement.

Les vendanges se font en septembre ou octobre, suivant les années, les cépages cultivés et la nature du sol. Ainsi, le Médoc vendange vers le 15 de septembre, les Graves douze jours plus tard, les côtes de la Gironde huit jours après les Graves et les palus du Bordelais vers le 10 octobre.

Dans diverses localités, on écrase les raisins et on les jette dans la cuve; dans d'autres, on égrappe avec soin soit sur des cadres en bois, soit à l'aide d'appareils à cylindres, appelés *égrappoirs*. Dans plusieurs localités, on foule la vendange, dans d'autres et surtout dans le Médoc, on fait le vin avec des grains non écrasés.

Enfin, dans la Saintonge, le Quercy, le Bordelais, lorsque la vendange a été foulée et pressurée, on jette de l'eau sur le marc, on laisse ce dernier fermenter de nouveau pendant quinze à vingt jours pour le soumettre une seconde fois à l'action du pressoir. Le vin qu'on obtient alors est appelé *buvante, piquette;* il est consommé par les ouvriers ou les vignerons. Cette boisson est bonne quand elle ne dépasse pas le tiers du vin récolté.

Les vins qu'on récolte dans la région du sud-ouest ont des qualités et des destinations très-diverses. Les uns sont très-colorés et très-alcooliques; les autres étant peu potables, sont convertis en eau-de-vie de Cognac ou d'Armagnac; enfin, ceux que produit le Bordelais ont des qualités qui ont permis depuis longtemps de les désigner comme les premiers vins hygiéniques de France.

La réputation des grands vins de Médoc est déjà ancienne. Au seizième siècle, le vin du Médoc qu'on expédiait en Angleterre y était déjà connu sous le nom de *claret,* dénomination qu'il a conservée depuis. Les vins provenant des crus de premier ordre sont expédiés soit en futailles, soit en bouteilles jusqu'en Amérique et dans les Indes.

Le département de la Gironde a exporté, en 1850, 800 000 hectolitres de vin, ayant une valeur de 41 735 000 francs.

Les vins des premiers crus de Château-Margaux et Château-Lafitte se vendent, dans les bonnes années, de 3000 à 6500 francs le tonneau ou les 912 litres.

Il n'est pas inutile de faire connaître les prix auxquels l'hectare de quelques grands vignobles de la Gironde a été vendu.

Dates de la vente.	Vignobles.	Étendues.	Prix de l'hectare.
1836........	Château Margaux...	80 hectares..	16250 francs.
185:........	Château d'Issan....	43 —	8140 —
1852........	Cos d'Estournel....	28 —	41071 —
1853........	Mouton..........	52 —	21634 —

Les *grandes années*, celles où les vins des grands crus ont été remarquables sont : 1831, 1834, 1841, 1844, 1858. Les *bonnes années* ont été : 1840, 1847, 1848 et 1864; et les mauvaises années : 1843, 1845, 1853 et 1860.

Les vins mis en barriques sont conservés dans les celliers, qu'on nomme *chais* dans le Médoc. Ces bâtiments sont souvent très-vastes et bien disposés.

Les vins des premiers crus du Bordelais ne contiennent pas au delà de 8 à 9 pour 100 d'alcool.

Le tartre ou *sel de vin* qu'on extrait des tonneaux où le vin et l'eau-de vie ont séjourné quelque temps, est blanc ou rouge. Le plus estimé est le tartre blanc de la Charente-Inférieure; puis viennent les tartres blancs et rouges de la Saintonge et du Bordelais. Le tartre rouge de l'Armagnac est aussi très-brillant.

Ariége. — Le département de l'Ariége possède peu de vignobles.

Les parties peu accidentées et qui avoisinent les plaines du bas Languedoc et surtout aux environs de Saverdun, offrent des *vignes basses* dirigées comme les vignes des départements de l'Aude et de l'Hérault et des vignes soutenues par des *treillages* attachés à des échalas à $0^m,80$ ou $0^m,90$ au-dessus du sol. Les vignes des environs de Pamiers et de Foix sont dirigées suivant ce dernier système: elles occupent souvent des coteaux disposés en terrasses.

Chaque gradin est orné de trois rangées de ceps. Ailleurs dans l'arrondissement de Saint-Girons et dans la partie située au sud de Foix, la vigne est en *hautains* et ses tiges enlacent les branches des érables et cerisiers.

En général, la vigne dans le département de l'Ariége, est tantôt plantée en massif ou en plein, tantôt, elle est soutenue par les arbres qui bordent les champs cultivés.

La vallée de Tarascon présente des vignobles très-beaux et qui fournissaient autrefois le vin qu'on buvait à la table des rois de France.

Les cépages les plus répandus sont, pour les cépages noirs : le *picpoule*, le *grenache*, le *mourvède*, l'*espare*, le *malbec*, le *mourastel*, le *morocain*, le *terret bouret* et la *chalosse noire*; pour les cépages blancs : la *clairette*, la

Fig. 28. — Vigne basse.

blanquette, la *folle blanche*, le *meslier*, le *mauzac* et le *malvoisie*.

Les meilleurs vins sont ceux des cantons de Mirepoix et du Mas d'Azil. Les vins de Pamiers et de Limoux sont aussi estimés, mais les autres ont un goût peu agréable.

La *juste* est une mesure qui contient de 2 à 4 litres, suivant les localités.

Haute-Garonne. — La vigne couvre une grande surface dans le département de la Haute-Garonne et surtout dans les arrondissements de Toulouse et de Muret.

Dans ces deux arrondissements et aussi dans celui de Villefranche les *vignes sont basses* (fig. 28) et plantées à 0^m,80 ou 1 mètre de distance les unes des autres sur des lignes espacées de 0^m,80 à 2 mètres. Dans l'arrondissement de Saint-Gaudens la vigne est soutenue par l'érable ou le merisier dirigés en gobelets ou en vases. Ces hautains sont éloignés les uns des autres de 4 mètres; ils forment des bordures autour des champs ou sur le bord des chemins ou des quinconces plus ou moins étendus sous lesquels on cultive du froment, du maïs ou des pommes de terre. Les vignes qui enlacent le tronc des tuteurs projettent parfois des branches qu'on réunit et qu'on soutient à l'aide de gaules ou de tiges fournies par la viorne. Dans ce dernier cas, deux bras réunis forment une véritable guirlande entre deux *hautains*.

Les vignes basses sont taillées sur deux ou trois yeux. Les coursons des hautains portent cinq à six yeux. Le sol occupé par les vignes sur souches basses est façonné en avril et juin avec des charrues traînées par des mules ou des bœufs attelés à un joug très-long, afin que chaque animal puisse marcher entre deux rangées de ceps. Au mois d'avril on déchausse ou on *décavaillonne* la vigne; en juin, on la butte ou on la *cavaillonne*.

La vendange a lieu vers la fin de septembre. Ordinairement on égrappe et quelquefois on foule avant de verser les raisins dans la cuve. On laisse cuver pendant vingt-cinq à trente jours.

Les cépages les plus répandus sont, pour les raisins noirs : le *mauzac*, le *bouchalès*, la *durade*, le *negret*, la *mérille*, le *mourastel* et le *picpoule*, le *terret-bourret;* pour les raisins blancs : la *blanquette*, le *mauzac* et la *clairette*.

Le département de la Haute-Garonne produit des vins secondaires, épais, très-colorés et d'une conservation difficile. Les plus estimés parmi les vins rouges sont ceux de Villaudric, parce qu'ils ont de la finesse et un bouquet agréable, de Fronton qui sont corsés et se conservent longtemps. Ces vins sont en grande partie expédiés pour Bordeaux.

Le tonneau appelé *demi-char* contient de 323 à 326 litres.

Hautes-Pyrénées. — Ce département est moins viticole que celui des Basses-Pyrénées. La plus grande partie des vignes qu'on y observe sont conduites en *hautains* ou *vergers*. Les autres sont dirigées en *souches de moyenne hauteur* qui ont beaucoup de rapport avec les vignes des deux Charentes.

Dans le canton de Castelnau-Rivière-Basse, les érables champêtres, etc., sont remplacés par des échalas en châtaignier qui ont jusqu'à quatre et cinq mètres de hauteur (fig. 29). Ces tuteurs sont reliés les uns aux autres à deux mètres de hauteur par des échalas horizontaux.

Fig. 29. — Vigne en hautain.

Les arbres qui soutiennent les vignes en hautains sont conduits comme des arbres en têtards.

Après la taille, les coursons des vignes moyennes portent deux yeux; ceux des vignes en hautains sont taillés à six ou dix yeux.

Les cépages les plus répandus sont, pour les raisins noirs : le *pinot* ou *grand pié*, le *tanat*, le *mensenc*, le *bouchalès* et l'*arrouya*; pour les raisins blancs : le *picpoule*, le *erafiat* et le *plant de dame*.

On vendange pendant la première quinzaine d'octobre, on n'égrappe pas et on laisse les raisins fermenter pendant un mois environ.

Les vins rouges que produisent les vignes de la commune de Madiran, après cinq années de barrique, ont du corps et un goût agréable. Comme ils sont riches en couleur, ils servent souvent à donner du ton et de la force aux vins faibles. On estime beaucoup les premiers crus de Castelnau-Rivière-Basse, Saint-Laune, Soublecause et Lascazères. Tous ces vins appartiennent à la *quatrième classe.*

Les autres vins rouges sont âpres et se conservent difficilement.

Les seuls vins blancs agréables sont récoltés dans les communes de Bouilh, Castelvieilh, Péreuilh et Peyriguère.

La *barrique* contient de 340 à 480 litres et la comporte de 43 à 60 litres.

Basses-Pyrénées. — Le département des Basses-Pyrénées possède autant de vignes que le département de la Haute-Garonne. Cet arbrisseau y est dirigé en *hautains,* en *treilles très-élevées,* en *vignes échalassées* et en *vignes de moyenne hauteur.*

Les premières occupent les coteaux de Jurançon, de Vicbille et de Gan; les secondes sont communes dans les contrées plus voisines des hautes montagnes; les troisièmes sont répandues aux environs d'Orthez; les dernières occupent des territoires voisins du département des Landes.

Les poteaux qui soutiennent les vignes en hautain ont trois mètres de hauteur; ils soutiennent à deux mètres au-dessus du sol des supports disposés en forme de croix, et sont séparés les uns des autres sur un sens de trois mètres et sur l'autre de deux mètres (fig. 30). Les treillages ont environ deux mètres de hauteur; tous les sarments y sont fortement arqués. Quant aux vignes échalassées, elles sont soutenues par des tuteurs de $2^m,33$ de longueur et auxquels après la taille on attache souvent l'extrémité du sarment disposé en archet (fig. 31).

Les vignes échalassées et les vignes moyennes sont taillées à deux yeux. Les vignes en hautain sont taillées à long bois.

Les cépages rouges les plus répandus sont : le *man-*

senc, le *mourac*, le *tanat*, le *bouchi* et le *camarau;* les cépages blancs, sont : le *courbut*, le *gros mansenc*, le *crouchen.*

On égrappe généralement tous les raisins.

Le commerce classe de la manière suivante les vins qu'on récolte dans le département :

Vins rouges de deuxième classe : Les premiers crus, de Jurançon et de Gan, qui ont une belle couleur, du spiritueux et un joli bouquet. Les vins de Gan sont plus corsés et plus moelleux que les premiers. *Vins rouges de seconde classe.* Les vins d'Aubertin, de Monein, d'Aubons, de

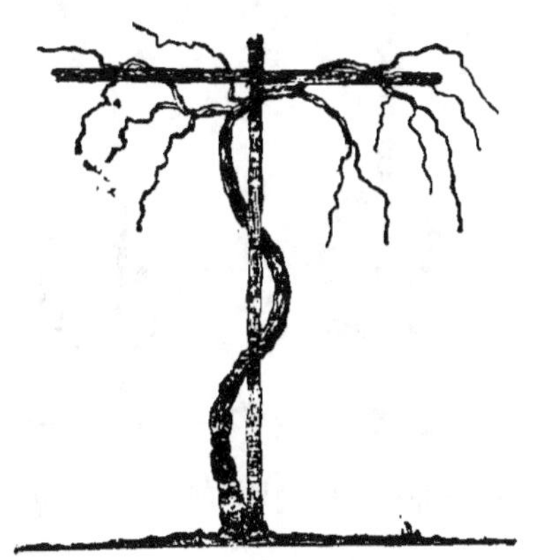

Fig. 30. — Vigne en hautain.

Diusse, de Cadillon, de Jadousse, de Conchez, de Portet et de Ponts sont d'excellents vins rouges de *quatrième classe.*

Les *vins blancs de deuxième classe*, de Jurançon, Gan, Larronin, Saint-Faust, Gelos et Rouslignon ont un parfum très-agréable. Le vin blanc de Gaye, à 2 kilomètres de Jurançon, était célèbre sous Henri IV. Les *vins de Viquebille*, qu'on récolte dans le canton de Garlin, sont très-recherchés en Flandre et en Belgique; ils ont plus de séve que le vin blanc de Jurançon.

C'est à Pacé que se fait le commerce des vins de Jurançon.

La *barrique* contient de 300 à 310 litres, et l'*héralde* ou *cruche de Pau* 23 litres.

Landes. — Le département des Landes possède de nombreux vignobles dans le Maransin, le Tursan, la haute et la basse Chalosse. Tous ces vignobles, sauf ceux qui sont situés dans la basse Chalosse, sont échalassés avec des tuteurs ayant généralement de 1ᵐ,60 à 2 mètres de hauteur. Les ceps y sont plantés à un mètre les uns des autres sur des lignes espacées de 1ᵐ,30 à 1ᵐ,50 (fig. 31).

Les vignobles de Maransin comprennent les vignes spéciales qui existent sur les sables des dunes du Cap-Breton, de Messanges, Soustons et du Vieux-Boucau, com-

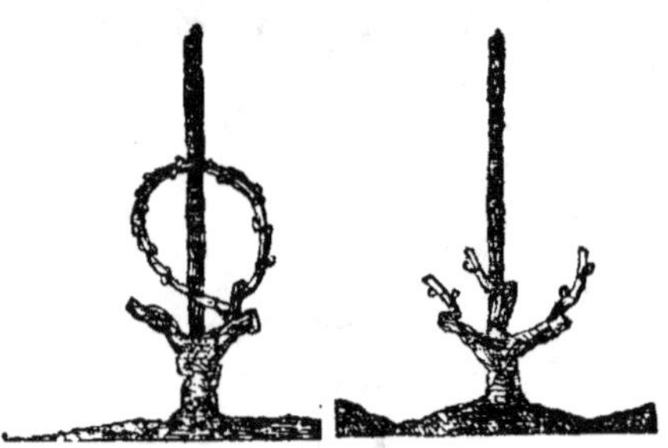

Fig. 31. — Vignes échalassées de la Chalosse.

munes situées sur le rivage de l'Océan. Ces vignes occupent des champs qui sont inclinés vers le nord et qui sont séparés les uns des autres par des haies sèches de bruyère ou de paille. Les rangées de vignes ou *règes* sont écartées de 0ᵐ,65.

Les cépages les plus répandus dans le Maransin, sont : Le *picpoule*, le *carbenet*, le *cruchinet*, la *claverie* et le *cap breton*. Dans les autres parties du département, on rencontre généralement : le *picpoule gris*, la *claverie rouge*, le *mansenc noir*, le *merlé noir*, et le *morillon d'Espagne*.

On vendange en septembre, on n'égrappe pas, on foule au baquet et on laisse cuver pendant six à huit jours. Le vin qu'on obtient a une couleur agréable, du velouté et un bouquet qui rappelle un peu le parfum de la violette; il peut se garder quatre à six ans en bouteille.

Les vignobles du Tursan, petite contrée de l'arrondissement de Saint-Sever, qui comprend les communes de Castelnau, Saint-Loubouer, Urgons, etc., produisent des vins d'une grande douceur, mais d'un goût peu agréable; ils sont sujets à tourner à l'aigre. Les meilleurs crus sont rangés dans la *quatrième classe*. Les vins de la haute Chalosse ou des communes de Bahus, Aules et Sarraziet et de la côte de Lénye sont très-secondaires, mais ils sont meilleurs cependant que ceux qu'on récolte dans la basse Chalosse; ils appartiennent à la *cinquième classe des vins français*.

Les *vins blancs* du Tursan sont secs et de bon goût; ils ont été classés dans la *cinquième classe*. Ceux de la haute Chalosse ont beaucoup de spiritueux, mais ils sont très-sujets à fermenter. Les vins des vignobles de Mugron, Laurède, etc. sont de médiocre qualité. Ils sont fournis par la vigne basse, appelée *picpoule*.

Il se fait à Mugron un commerce important d'eau-de-vie, fabriquée dans le département, sous le nom *d'eau-de-vie d'Armagnac*.

La *barrique* contient 304 litres, et le *tonneau* quatre barriques, 1216 litres.

Gers. — Le département du Gers possède près de 100 000 hectares occupés par la vigne qui y produit des vins de qualités très-diverses.

La vigne y est cultivée souvent en espalier élévé dans la partie qui touche les départements des Landes et des Hautes-Pyrénées, c'est-à-dire le long des rivières de l'Adour, de l'Arros et du Bouès; ailleurs, elle est échalassée avec un archet à chaque cep. Dans d'autres localités, tous les ceps présentent des branches à fruits opposées, situées horizontalement dans le sens des rangées et reliées aux sarments des ceps voisins à l'aide d'un bout de sarment et de deux ligatures. Enfin, dans la partie située au nord-ouest et qui appartient au bas Armagnac, les vignes sont de moyenne hauteur et présentent deux, trois ou quatre bras, selon les localités (fig. 32 et 33).

Toutes les vignes échalassées ou non sont plantées de 0^m,80 à 1 mètre les unes des autres, sur des lignes espacées de 1^m,30 à 1^m,50. On les taille ordinairement à deux yeux.

Les cépages rouges les plus communs sont : le *bouchalès*, le *piquepoule*, la *chalosse noire*, le *gouret noir*, le *mérille*, le *négret*, le *gros ribier*, le *cot rouge*. Les cépages blancs sont : la *folle blanche*, le *mouzac*, la *clairette*, la *blanquette*, le *jurançon*, le *chauché gris*, le *piquepoule*.

Le département produit trois sortes de vins : 1° les *vins*

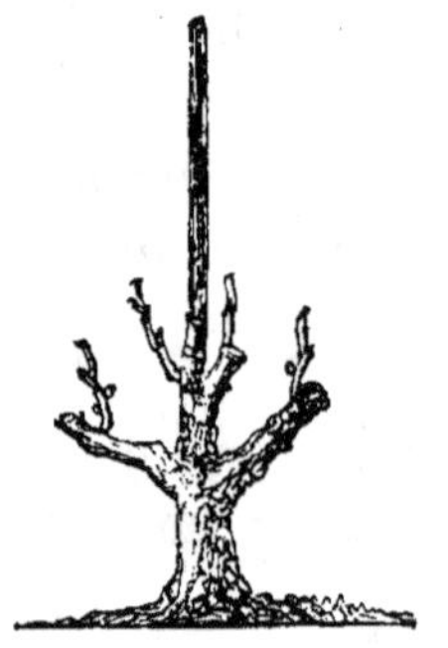

Fig. 32. — Vigne échalassée du Gers.   Fig. 33. — Vigne non échalassée du Gers.

ordinaires, qui proviennent des vallées de l'Osse, du Gers, de la Baisse, de la Gimone et de l'Arrat; 2° les *vins de coupage*, qui sont très-colorés et qu'on récolte dans les vallées du Bouès, de l'Adour et de l'Arros; 3° les *vins de chaudière*.

Les bons vins rouges de table ont une couleur foncée, mais ils ont du corps et une saveur agréable. Ils proviennent des communes de Verlus, Mazères et appartiennent à la *cinquième classe*. Les meilleurs, après ces vins, sont ceux de Viella, Gouts, Vic-Fezensac, Valence, Miélan, Miradoux et Lussan. Les vins blancs ont peu de qualité.

Les vins communs ou de chaudière sont faibles et peu

colorés; ils donnent, pour la distillation, un sixième à un huitième de leur volume en eau-de-vie à 22 degrés.

Les eaux-de-vie fabriquées dans le département réunissent la douceur du goût, la finesse et l'arome; elles sont les meilleures après les eaux-de-vie des deux Charentes. On les divise, suivant leur provenance et leur qualité, en bas Armagnac, Ténarèze et haut Armagnac.

Les *eaux-de-vie du bas Armagnac* proviennent des cantons de Gabarret, Roquefort Villeneuve, (Landes), des cantons de Cazaubon et Nogaro (Gers).

Les *eaux-de-vie de Ténarèze*, du canton de Mezinsas (Lot-et-Garonne), d'Eauze et de Montréal (Gers).

Les *eaux-de-vie du haut Armagnac*, des cantons de Condom, Valence, Ségur, Vic-Fezensac, Montesquieu et Riscle (Gers).

Ces eaux-de-vie acquièrent des qualités en vieillissant.

Les vins qui proviennent des terrains dits *boulbenno* sont les plus propres à être convertis en eau-de-vie. On les obtient sans cuvaison. Après le pressurage du raisin, on laisse le vin fermenter avec violence pendant un ou deux mois et on le brûle dans les six mois. Les eaux-de-vie vieillissent dans le bois; les plus recherchées sont produites dans les cantons de Montréal, Eauze, Condom, Manciet et Nogaro; elles pèsent 52° centécimaux; celle des deux Charentes pèse 59°.

La *barrique* contient de 228 à 230 litres et la *pièce* 381 litres.

Tarn-et-Garonne. — Le département du Tarn-et-Garonne possède beaucoup de vignes; les meilleurs vins sont fournis par les vignobles qui sont situés sur les plaines élevées qu'on observe entre la Garonne et le Tarn; ceux qu'on récolte sur la rive gauche de la Garonne sont sujets à tourner pendant les chaleurs.

Les vignes sont moyennes et présentent trois à quatre bras à 0^m,15 ou 0^m,20 de terre. Chaque courson porte deux yeux. On décavaillonne en mars et on chausse en mai et juin. Les ceps sont à 1^m,50 en tous sens. C'est par exception qu'on cultive la vigne en jouelles ou *vignettes* dans les environs de Moissac.

Les cépages les plus répandus sont : le *pied rouge*, le *mourastel*, le *mourved*, le *chalosse*, l'*auxerrois*, la *mérille*, le *bouillenc*, le *negret* ou *morillon*, le *boucharès*, pour les raisins noirs ; et la *clairette*, le *colombat*, la *blanquette*, les *picpoule rosé* et *blanc*, le *mauzac* et le *malvoisie*, pour les cépages blancs.

Généralement on n'égrappe pas, on foule à la comporte, et on laisse cuver pendant quinze à vingt jours.

Les vins de l'arrondissement de Castel-Sarrasin ont une belle couleur, un goût agréable et du spiritueux. Les meilleurs proviennent des communes d'Auvillar, Aussac, Campsas, Fau, la Ville-Dieu et Saint-Loup ; ils appartiennent à la *cinquième classe*.

La *barrique* contient 228 litres.

Tarn. — Le département du Tarn est riche en vignes, mais l'arrondissement de Lavaur en possède peu et celui de Castres ne produit pas de très-bons vins. Les deux grandes localités viticoles sont les arrondissements de Gaillac et d'Albi. Ces deux contrées produisent des vins qui sont recherchés dans les Marches.

La vigne est en souche basse et chaque cep porte trois à quatre bras disposés en gobelet. On taille chaque courson à deux ou trois yeux. Les ceps sont espacés de 0^m,75, 0^m,80 à 1 mètre, sur des lignes qui sont distantes les unes des autres de 1^m,50 à 2 mètres. On les façonne soit à bras, soit à la charrue, suivant la configuration des terrains.

Les cépages les plus répandus sont : le *picpoule*, le *rougeal*, le *marustel*, le *pignol*, le *braugol*, le *negret*, le *duraz*, le *prunelard*, l'*œillade*, le *rouxal*, le *marocain*, le *redondal*, ou *grenache*, pour les raisins noirs ; le *mauzac*, le *sécall* l'*endelel*, l'*ondenc*, le *rousselet*, le *verdanel*, la *chalosse*, le *colombat* et la *blanquette*, pour les cépages blancs.

On vendange en septembre, on foule au pied à la comporte ou sur des madriers placés au-dessus de la cuve, ou on écrase au fouloir ; la cuvaison dure de quinze à vingt jours. C'est par exception que çà et là on égrappe et on presse.

Les vins blancs sont faits très-rapidement : le même jour on foule, on presse et on verse le jus dans des barriques préalablement soufrées.

Le commerce classe les vins du Tarn de la manière suivante. *Vins rouges de quatrième classe* : les vins légers, délicats, moelleux et parfumés de Cunac, Caisaguet, Saint-Amarens et Saint-Juery, dans l'arrondissement d'Alby ; les vins foncés et spiritueux des premières crus de Gaillac. Ces derniers vins se conservent très-bien. *Vins de cinquième classe* : les vins très-colorés et un peu pâteux des autres communes des arrondissements de Gaillac et d'Albi.

Les *vins blancs de Gaillac* rangés dans la *quatrième classe*, ont de la douceur, du corps, du spiritueux et une saveur agréable ; ils se conservent bien

La *barrique* contient de 203 à 215 litres.

Lot. — Le département du Lot possède de nombreux vignobles sur les coteaux mamelonnés ou dans les plaines de l'arrondissement de Cahors.

La vigne y est basse et courante comme celle du bas Languedoc, à cette exception cependant que ses bras, au nombre de cinq à six par chaque cep, sont un peu plus allongés. Tous les ceps sont régulièrement espacés en tous sens de 1ᵐ,50. La taille y est faite à deux yeux dans les vignobles situés sur les sols de qualité moyenne ; on l'opère à quatre ou six yeux dans les localités où le sol est fertile.

Le travail du sol a lieu à bras sur les sols très-inclinés ou à pente rapide. On l'exécute à l'aide de la charrue sur les plateaux, les rampes peu prononcées et dans les plaines.

Les cépages les plus répandus sont : l'*auxerrois*, le *mutet*, la *mérille*, le *mauzac*, la *rouxane*, le *mérot*, l'*alicante*, pour les raisins noirs ; la *blanquette*, la *clairette*, le *mauzac*, le *semillon*, le *rouxolin* ou *rajoulen*, le *nouval* ou *loubal* et le *mourastel* pour les cépages blancs.

On récolte dans le département quatre sortes de vin : le

vin noir, le vin rouge, le vin rosé et le vin blanc. Les *vins noirs* dits *vins de Cahors*, proviennent de l'Auxerrois; leur couleur est très-foncée et ils sont très-spiritueux. On les utilise à Bordeaux, etc., pour donner de la couleur aux vins faibles. Les *vins rouges* sont fournis par les raisins rouges et blancs, les *vins rosés* sont obtenus en jetant le vin produit par les raisins blancs sur le marc de l'Auxerrois.

On prépare les vins noirs que l'on appelle quelquefois *vins cuits de Cahors* : 1° en faisant bouillir une quantité plus ou moins grande de moût pour la verser ensuite dans la cuve où doit avoir lieu la fermentation; 2° en passant au four une notable quantité de la vendange après l'avoir foulée et séparée du moût dans les comportes, avant de la jeter dans la cuve. Les moûts qui ont été ainsi traités cuvent pendant environ un mois.

Les meilleurs vins noirs sont préparés dans les cantons de Luzech, Puy-l'Évêque, Limogne, dans l'arrondissement de Cahors; ils appartiennent à la *quatrième classe* des vins rouges. Les vins rouges ou rosés fournis par les autres crus appartiennent à la *cinquième classe*.

La *barrique* contient 228 litres.

Lot-et-Garonne. — Le département du Lot et-Garonne a plus de vignes que le département du Lot.

La vigne y est dirigée en souches basses ayant quatre à cinq bras disposés en vase ou gobelet ou en éventail. La plupart des ceps sont espacés de un mètre sur les lignes et celles-ci sont éloignées les unes des autres de 1ᵐ,80 à 2 mètres. Les vignobles disposés en jouelles ne couvrent pas au delà de 8000 à 10 000 hectares. Il en est de même des vignobles dans lesquels les ceps sont espacés en tous sens de 1ᵐ,30. Les vignes des environs d'Agen sont complantées de pruniers.

On taille chaque courson à deux yeux. On déchausse et on rechausse soit à bras, soit à la charrue. On fume rarement les vignes, mais on les *terre* avec soin.

Les cépages les plus répandus sont : le *boucharès*, la

mérille, le *mourastel*, l'*estrangé* ou *enrageat*, le *picpoule*, pour les cépages noirs; le *sémillon*, le *jurançon*, la *folle blanche*, la *clarette*, l'*uni blanc*, pour les cépages à grains blancs. On a introduit depuis quelques années le *carbenet Sauvignon*, le *pinot de Bourgogne* et le *sirah de l'Hermitage*.

Les meilleurs vins rouges sont récoltés à Thézac, Péricard et Montflanquin; ils ont une belle couleur et appartiennent à la *cinquième classe*. Les plus recherchés parmi les vins rouges communs qui sont très-colorés et capiteux proviennent de Buzet, Castel-Moron, La Chapelle et Sommenzac. Ces vins acquièrent avec l'âge une certaine qualité.

Les *vins blancs* de Clairac et de Buzet sont très-recherchés, parce qu'ils sont agréables. On les fabrique avec des raisins blancs très-mûrs, ayant pris une teinte jaune-brun; c'est pourquoi on les appelle quelquefois *vins pourris*. Ils appartiennent à la *deuxième classe*.

La *barrique* contient 228 litres et la *pièce* 357 à 373 litres.

Dordogne. — Le département de la Dordogne possède près de 100 000 hectares de vignes répartis assez irrégulièrement dans les arrondissements de Périgueux, Bergerac, Sarlat et Nontron.

Les unes sont des vignes moyennes ou en jouelles, les autres sont dirigées en hautains. A Ribérac, les vignes enlacent les árbres et retombent en gracieux festons. Elles occupent les coteaux, les plateaux ou les plaines.

Les vignes moyennes sont plantées régulièrement, et elles occupent seules le terrain. Tous les ceps sont espacés en tous sens de 1^m,30, ils ont deux, trois ou quatre bras assez longs; chaque courson est taillé à deux ou trois yeux. Les vignes en jouelles sont communes dans les arrondissements de Nontron et de Bergerac. Elles sont plantées en lignes, éloignées les unes des autres de 4 à 8 mètres et forment des haies ou *zola* qui sont soutenues par des échalas ayant 1^m,50 à 1^m,60 au-dessus du sol, et qui supportent un ou deux treillages horizontaux. Chaque ceps porte après la taille deux ou trois *hastes* ou sarments recourbés. A Riberac, la vigne croît sur des pruniers, cerisiers, noyers ou chênes isolés, ou situés sur une ligne occupée par des treillages ayant environ 2 mètres de hauteur et qui soutiennent d'autres ceps.

Toutes ces vignes sont cultivées à bras ou à la charrue. Le terrain des jouelles non occupé par la vigne est utilisé par la culture des céréales, des plantes racines, etc.

Les cépages les plus répandus sont : le *malbec*, le *picpoule*, le *morillon*, le *pulsard*, la *folle noire*, le *navarro*, le *Périgord;* puis le *carbenet*, le *merlot* et le *verdot* pour les raisins noirs; la *folle blanche*, le *blanc doux*, le *jurançon*, le *semillon* et le *sauvignon* pour les raisins blancs.

Généralement on vendange en octobre et on laisse cuver pendant quinze à vingt jours.

Les meilleurs *vins rouges* appartiennent au canton de Bergerac; ils sont légers, spiritueux et ont de la finesse; ils gagnent beaucoup à veillir. Il en est de même des vins de Monmarvès qui appartiennent comme les précédents à la *troisième classe.* Les vins produits par les bons crus des cantons de la Linde, de Beaumont, de Cunèges, de Saint-Cyprien, de Martignac, sont très-colorés, mais ils sont spiritueux et agréables. On les range parmi les vins de *quatrième classe.* Les vins de Brantôme, Chancelade, Bourdeilles, Saint-Orse, Saint-Pantaly, Mareuil sont les meilleurs parmi les vins qui appartiennent à la *cinquième classe.*

Les *vins blancs* de Sainte-Foy-les-Vignes, de Prigonrieux sont agréables, mais ils n'ont pas la séve et le bouquet que possèdent les vins blancs de Bergerac. Les uns et les autres ont été rangés dans la *troisième classe* des vins blancs.

Les muscats qu'on récolte à Montbazillac et Saint-Laurent-des-Vignes, sont des *vins de liqueur de troisième classe.* On les fabrique avec les raisins fournis par la *muscatelle* et le *semillon blanc.* Ces raisins sont récoltés successivement de la mi-octobre à la mi-novembre, quand ils sont bien mûrs et bruns; alors, on les trie pour enlever les grains avariés; on les presse et on met le jus à débourer ou claircir dans une cuve pendant douze à vingt-quatre heures, suivant la température, puis on soutire à clair et on verse dans une barrique préalablement *soufrée* ou *méchée*.

Les vins muscats de Colombiers, Pomport et Saint-Naixant sont moins recherchés que les précédents.

La barrique contient 228 litres, le tonneau 912 litres, la pièce 365 à 380 litres.

Charente. — Les arrondissements de Cognac ēt d'Angoulême possèdent de nombreux vignobles; ceux de Ruffec et de Confolens en ont peu.

Les vignes y sont conduites de trois manières : 1° elles

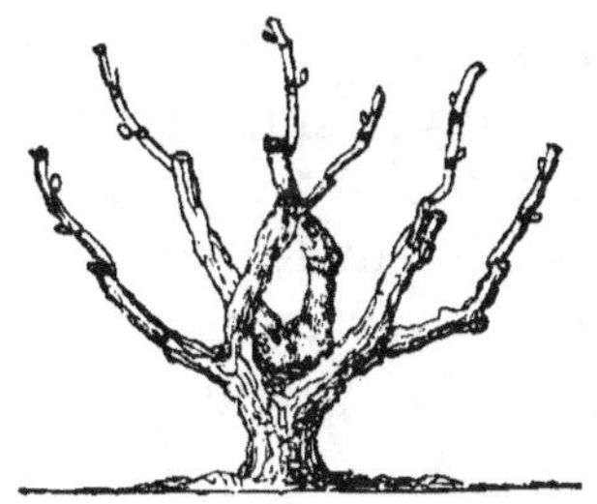

Fig. 34. — Vigne de la Charente.

sont *plantées en plein* et tous les ceps sont espacés en tous sens de 1^m à 1^m,50; ces vignes sont façonnées soit à bras, soit à la charrue; 2° elles sont *disposées en jouelles;* les rangées de ceps sont au nombre de trois à sept; les espaces qui séparent les groupes de rangées de ceps sont occupés par des plantes alimentaires ou fourragères. Les ceps sont plantés en quinconce sur les lignes de 1^m,50 à 2^m,30 les uns des autres; les rangées de ceps sont espacées de 0^m,75 à 1^m,30; 3° les *vignes à bœufs* occupent tout le terrain, mais elles sont situées à 1 mètre les unes des autres sur les lignes qui sont espacées de 1^m,50 à 2 mètres. Les bœufs qui travaillent les terres qu'elles occupent, sont attelés à un long joug, afin que la charrue qui est à âge très-long puisse facilement décavaillonner ou chausser les ceps. Alors un des bœufs marche à droite et l'autre à gauche de la rangée près de laquelle on veut façonner la terre.

La plupart des vignes de l'arrondissement de Cognac sont plantées en jouelles ou en *allées*.

Tous les ceps ont une hauteur moyenne et présentent de deux à cinq bras (fig. 34) qui portent chacun en moyenne de un à cinq coursons, suivant les localités. Dans divers cantons on taille à deux ou trois yeux ; dans d'autres, on laisse jusqu'à cinq nœuds sur chaque courson.

Les cépages les plus répandus sont : la *folle noire*, le *chauché*, le *maroquin*, le *gouais*, le *cot rouge*, le *Saint-Rabier*, le *Balzac noir* pour les raisins foncés ; la *folle blanche*, le *bouilleau*, le *Saint-Pierre*, le *Balzac blanc*, le *colombier*, le *Saint-Émilion* pour les raisins blancs. La folle blanche domine sur les autres cépages blancs dans les vignobles du Cognaçais qui fournissent les meilleures eaux-de-vie.

On vendange à la *seille* ou au panier en bois ; on foule aux pieds ou on écrase au cylindre, et on laisse cuver de dix à vingt-cinq jours.

Les meilleures *vins rouges* de la Charente proviennent des cantons d'Hiersac, Valette et Montbron ; ils appartiennent aux vins de *cinquième classe*. Les *vins blancs* de la Champagne ont la propriété de rester doux très-longtemps ; ils sont spiritueux.

Les *eaux-de-vie de Cognac* proviennent de la distillation des vins fournis par la folle blanche et le Balsac. Les raisins qui fournissent ces *vins de chaudière* ne cuvent pas ; on les laisse fermenter dans des barriques, des cuves ou foudres, pour les distiller ensuite en deux fois à l'aide de l'ancien alambic à grande chaudière et à feu nu ou par un seul jet avec les appareils modernes dits *appareils à retour de liquides aqueux*. 100 kilogr. de vendange donnent 50 kilogr. de *moût de goutte*, 24 kilogr. de *moût de presse* et 16 kilogr. de *marc* Les *vinasses* ou résidu liquide de la distillation contiennent des acides, du tanin, des résines et de la matière colorante.

Les viticulteurs opèrent de manière à obtenir de l'eau-de-vie marchande à 50 ou 55°, qui permet à l'alcool d'avoir le plus de finesse possible. Dans les bonnes années le vin donne un cinquième de son volume en eau-de-vie.

Les eaux-de-vie de la Charente ont été divisées en 4 classes, savoir : 1° la *grande* ou *fine champagne*, nom qu'on donne à la partie calcaire sur laquelle est situé le vignoble qui commence au delà de Jarnac; 2° la *petite champagne*, qui provient de la localité appelée Petite-Champagne; 3° le *premier bois*, qu'on récolte dans la partie qui commence à Jarnac et s'étend jusqu'à Rouillac, Neuville et Hiersac; 4° le *second bois*, comprend les eaux-de-vie d'Angoulême, de Saintes et de Jonzac. Les localités qui fournissent ces deux dernières eaux-de-vie étaient autrefois couvertes de bois qu'on a complantés en vignes.

La *barrique* contient 206 litres, le *tierçon* de 487 à 533 litres, le *sixain* de 228 à 304 litres.

Charente-Inférieure. — Le département de la Charente-Inférieure a une très-grande étendue couverte de vignes.

Tous les ceps y sont plantés en quinconce et éloignés les uns des autres sur les lignes de 1ᵐ,25 à 1ᵐ,30. Chaque vigne présente trois à quatre bras appelés *nambres*. On taille chaque courson à deux yeux ou nœuds et souvent on laisse sur chaque cep un ou deux *hastes* ou *arcons*.

Les vignes situées sur le littoral sont plus basses que celles qui végètent dans les autres parties du département.

Le sol est travaillé à bras d'hommes, ou à l'araire ou à la charrue.

Les cépages les plus répandus sont : le *Balzac* ou *romani*, le *dégouttant*, le *Griforin*, la *folle noire*, le *teinturier*, le *chauché* ou *pineau*, pour les cépages noirs; la *folle blanche* ou *enrageat*, la *folle verte*, le *colombard* et la *chalosse*, pour les raisins blancs.

La vendange a lieu au panier au commencement d'octobre. On foule aux pieds ou on écrase aux cylindres et on laisse cuver pendant huit à dix jours.

Les *vins rouges* qu'on récolte dans le département appartiennent tous aux *vins de cinquième classe*. Les meilleurs viennent des territoires de Saintes, Saint-Romain et Saint-Jean-d'Angely. Les vins de Marennes ont aussi une couleur foncée, mais ils sont peu spiritueux et sont sujets à s'altérer pendant l'été. Les vins de la Rochelle, des îles d'Oléron et de Ré sont très-communs et ont souvent un goût désagréable dû à l'emploi du varech comme engrais. Les *vins blancs* sont de qualité secondaire; ils appartiennent aussi à la *cinquième classe*.

On convertit annuellement dans le département une très-grande quantité de vin en *eaux-de-vie de Cognac*. Les vins qui les fournissent sont brûlés ou distillés avec les appareils imaginés par Adam de Montpellier (voir *Région du sud*) et par Alleau de Saint-Jean d'Angely. Il existe des *bouilleurs* qui distillent annuellement jusqu'à 5000 et même 6000 barriques de vin.

Les eaux-de-vie fabriquées dans la Saintonge, ont été classées comme il suit : 1° l'eau-de-vie de la Saintonge; 2° celle de Saint-Jean-d'Angely; 3° celle de Surgères; 4° celle d'Aigrefeuille, près Rochefort; 5° celle de la Rochelle.

La *barrique* contient de 215 à 225 litres, le *tonneau* quatre barriques, le *tierçon* de 456 à 533 litres.

Gironde. — Le département de la Gironde, au point de vue viticole, doit être divisé en cinq parties : 1° le *Médoc* où la vigne est dirigée en *treilles basses;* 2° les *palus* où elle est élevée et soutenue par des échalas ayant trois à quatre mètres de longueur ; 3° l'*Entre-deux-Mers* où l'on rencontre des *vignes basses* avec ou sans échalas et des vignes de hauteur moyenne; 4° les *graves* ou les vignes ont pour tuteurs des échalas de 1^m,50 à 1^m,65; 5° les *côtes* ou coteaux qui s'étendent sur les bords de la Garonne depuis Bassens jusqu'à Baurech et qui offrent des *vignes basses*.

1° Les *treilles du Médoc* sont formées de *carassons* ou échalas en châtaignier peu élevés, auxquels sont fixées des *lattes* en pin maritime. Ces treillages forment des lignes parallèles espacées les unes des autres de un mètre ; les

Fig. 35. — Treilles du Médoc.

ceps qu'on y attache sont éloignés les uns des autres de 1ᵐ,20 (fig. 35).

Ces vignes présentent deux bras ayant la forme d'un V

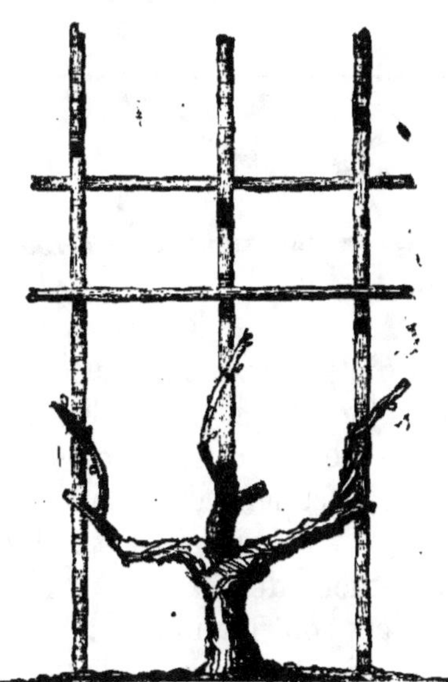

Fig. 36. — Vigne des palus
du Bordelais.

Fig. 37. — Vigne des palus
de Libourne.

très-ouvert ; chacun d'eux porte un ou deux coursons ou *cots* ou *niquets* qu'on taille plus ou moins longs suivant la vigueur du cep et auxquels on laisse une *aste* ou *branche à vin* ou *pisse-vin*. Quelquefois, on ménage sur chaque cep un sarment qu'on maintien droit, qu'on ne courbe pas et que l'on nomme *tirel*. Cette branche est destinée à remplacer plus tard la branche à vin.

Les vignes ainsi dirigées sont travaillées simultanément à la charrue et à bras. On les décavaillonne avec la *charrue cabat* et on les chausse avec la *charrue courbe*. Ces deux araires sont traînées par des bœufs ou un seul animal. Tous les trois ans on enlève la terre que les charrues ont poussée sur les cheintres ou *capvirades*.

2° Les *vignes des palus* ou des terres argileuses qui bordent la Garonne et la Dordogne, présentent trois à quatre bras en éventail qu'on soutient à l'aide de *longs échalas*

Fig. 38. — Vigne des Graves.

ou *carassonnes* ou *paus*, et auxquels souvent on attache deux à trois lattes horizontales (fig. 36 et 37). Chaque pied porte des astes longues et courbées. Ces vignes sont espacées de deux mètres et elles occupent des planches ayant deux mètres de largeur et qui sont séparées par des fossés destinés à favoriser l'écoulement de l'eau.

3° Les *vignes de l'Entre-deux-Mers* sont plantées en plein ou en petites *jouelles* ou *joualles*, qui se composent de deux à trois rangées ou *règes* de ceps, de deux à trois sillons de terre occupée par des légumes, etc., de deux à trois rangées de vignes et ainsi de suite. Ces vignes sont taillées à court bois et elles portent parfois des astes. Elles sont éloignées les unes des autres de 1 à 1^m,35.

4° Les *vignes des graves* sont plus élevées que celles de

l'Entre-deux-Mers ; leur souche a environ 0ᵐ,30 de hauteur et elles portent de deux à trois bras en éventail qui sont soutenus par des tuteurs de 1ᵐ,50 à 1ᵐ,65 (fig. 38). Ces vignes sont plantées en plein ou disposées en grandes jouelles ou *johalles* ayant de six à dix et douze mètres de largeur. La partie non occupée par la vigne est utilisée à l'aide des céréales. Les six ou huit rangées de vignes sont situées sur une planche bombée et les ceps y sont espacés de 1ᵐ,35.

5° Les *vignes des coteaux* sont basses et ont de deux à trois bras comme les vignes moyennes de la Charente. On

Fig. 39. — Vigne de Saint-Émilion.

les taille à court bois. Elles sont soutenues par un seul échalas et occupent des planches séparées par des rigoles (fig. 39). Tous les ceps sont espacés de 1 mètre à 1ᵐ15. C'est accidentellement que les règes sont éloignées les unes des autres de 2 mètres.

Les cépages cultivés dans le département de la Gironde sont très-nombreux.

Les vignes qui produisent les meilleurs *vins rouges* possèdent le *carmenet* ou *carbernet* ou *vidure*, la *carmenère* ou *carbernet sauvignon*, le *malbeck* ou *noir de Pressac* ou *mourane* ou *pied rouge*, le *petit* et le *gros verdot*, le *merlot* ou *merlau*. Les meilleurs *vins blancs* sont produits par le *sauvignon*, le *semilion*, le *rochalin*, le *verdot* et le *blanc doux*.

Les *vins rouges communs* sont fournis par le *mancin* ou *mancein*, le *teinturier*, la *petite chalosse noire*, le *cioutat* ou *persillade*, le *cruchinet*. Les *vins blancs ordinaires* proviennent de la *grosse chalosse blanche*, de l'*enrageat* ou *folle blanche* et de la *blanquette*.

Les *grands vins rouges du Médoc* ou *vins de première classe* sont : en première ligne, Château-Margaux, Château-Lafitte, Château-Latour et Haut-Brion; en seconde ligne Rauzan, Léoville, Gruaud-Laroze, Branne-Mouton et Pichon-Longueville. Tous ces vins ont un bouquet prononcé et beaucoup de moelleux; ils sont riches en séve et se distinguent par une couleur brillante. Les *vins de seconde classe* sont ceux de Château-d'Issan, Cantenac, Margaux, Saint-Julien, Pauilhac et Saint-Estèphe. Les *vins de troisième classe* sont ceux de Ludon ou Cantemerle, Labarde ou Giscours, Cussac, Macau dans le Médoc et ceux de Talence, Mérignac et Léognan dans les Graves. Les vins du Médoc qu'on appelle *vins ordinaires bourgeois* ou *petits vins*, les vins des côtes du Libournais et du Fronzadais, les vins de Blanquefort et Arsac dans le haut Médoc et ceux de Civrac, Saint-Germain, Saint-Bonnet dans le bas Médoc appartiennent à la *quatrième classe*. Enfin, la *cinquième classe* comprend les *petits vins du Médoc paysans*, les vins des palus dits *de cargaison* et les *vins des côtes*, puis les vins de l'*Entre-deux-Mers*.

Les *grands vins blancs* ou de *première classe* proviennent de Barsac, Preignac, Sauterne et Bommes, puis de Villenave-d'Ornon. Les premiers sont moelleux, le dernier est sec. Mais ni les uns ni les autres ne surpassent le *Château-Iquem* ou le *Lur-Saluces*. Les autres appartiennent aussi aux vins de graves, mais on les range dans la *seconde et la troisième classe* des vins de France. Les vins blancs des bonnes côtes appartiennent à la *quatrième classe* et ceux de l'*Entre-deux-Mers*, des environs de Libourne et de Blaye, à la *cinquième classe*.

Le cépage *cabernet* domine dans les Graves, le *malbeck* sur les côtes et le *verdot* dans les palus, localités où l'on récolte des vins rouges.

Le cépage *sauvignon* est commun dans les Graves, le *semillion* sur les côtes et l'enrageat sur les plateaux ou les hautes plaines, où les *plantiers* ou vignobles produisent des vins blancs.

On vendange ordinairement en septembre, on égrappe en partie ou totalement dans beaucoup de vignobles, on foule, on presse et on laisse cuver de huit à douze et quelquefois quinze jours.

La *barrique* contient 228 litres et le *tonneau* 912 litres.

SECTION II.

LE PRUNIER, L'ABRICOTIER ET LE FIGUIER.

La culture du prunier a une grande importance dans le département du Lot-et-Garonne, et surtout dans les communes de Villeneuve-d'Agen, Tonneins, Clairac, Temple, Castelmaron, Mont-Clair, Livrade. Ses fruits y sont transformés en pruneaux connus dans le commerce sous le nom de *prunes d'Agen*. On évalue à 6 000 000 fr. la valeur des pruneaux que l'agriculture de la vallée de la Garonne livre annuellement à la consommation et au commerce.

La variété qui fournit ces fruits est connue sous les noms de *prunier d'ente, prunier robe de sergent, prunier d'Agen, prunier datte*. Son fruit est gros, ovale et violacé; sa chair est jaune foncé. Ce prunier est vigoureux et charge beaucoup. On le greffe sur *prunier mirobolan* [1], sur drageon, ou on le plante franc de pied. La sous-variété, dite *prunier de Saint-Antonin*, a des fruits allongés, violet foncé et à chair verdâtre; ce prunier est d'une

---

1. Le prunier mirobolan est vigoureux et ne drageonne pas.

réussite plus certaine, mais les pruneaux qu'il fournit sont de deuxième qualité.

Le prunier d'ente charge beaucoup, mais ses produits sont très-variables, très-aléatoires. On le plante quand il a trois à quatre ans de greffe ou lorsqu'il est suffisamment développé, s'il est franc de pied, de préférence sur les terres argilo-calcaires un peu fraîches, à sous-sol un peu perméable. Il redoute les terrains à humidité prolongée. On le dispose en bordures, en quinconce à 6 ou 7 mètres les uns des autres, ou on le plante çà et là sur les *cances* ou rangées de vignes. Généralement quarante à cent pruniers par hectare ne nuisent pas aux autres cultures. Chaque année, pendant l'hiver, on enlève les branches qui se sont développées au centre des arbres et qui pourraient nuire plus tard à leur aération, et on remplace les pieds qui ont péri. Chaque arbre nouvellement planté revient à 0 fr. 80 c. Un prunier est en plein rapport à dix ans et il peut donner des récoltes abondantes pendant vingt à trente années. Dans la vallée du Lot et sur les coteaux de la vallée de la Garonne, il est exposé à être ravagé par les *chenilles communes* et la chenille dite *livrée*.

On procède au commencement de septembre à la récolte des fruits quand ils sont bien mûrs; ordinairement on les ramasse à mesure qu'ils tombent. Pour que les prunes ne s'altèrent pas en tombant, on a soin, par un labour ou un binage, de maintenir le sol meuble. Lorsque les fruits sont couverts de terre, on les ramasse avec précaution pour les mettre ensuite à sécher sur des claies.

On transforme les prunes en pruneaux suivant deux procédés :

1° On sépare les beaux fruits des fruits moyens et ceux-ci des petites prunes et on expose les unes et les autres à l'action du soleil. On a, pour opérer ce séchage, des claies ou *clisses* qu'on place sur des tréteaux ayant 0^m,60 de hauteur. Ces claies doivent être inclinées vers le sud. On les couvre, pendant la nuit, d'une toile cirée ou d'un paillasson. Ce séchage, qu'on appelle *confisage* dans l'Agénoi (*prono confido d'empêou*), a pour but de faire évaporer l'eau du fruit, et quelquefois, on se borne à exposer les fruits au soleil sur une couche de paille, opération désignée dans le pays sous le nom de *mettre en paillode*. Dans les deux cas, les prunes se flétrissent, se raccourcissent d'un cinquième ou d'un quart de leur longueur, s'aplatissent et prennent une couleur noire teintée d'indigo.

Au bout d'un certain temps, les fruits se couvrent d'une efflorescence blanchâtre et cristalline; ils ont une odeur suave, un goût sucré, une chair compacte. On les fait cuire dans un four ordinaire. Voici comment on procède : On chauffe le four avec l'ajonc (*toujo*) de manière que sa température varie entre 37° et 43°. Les clisses, qui sont alors rondes ou en forme de raquettes et sur lesquelles ont été placés les pruneaux, y restent pendant quatre à cinq heures. Alors, on retire les clisses, et, quand les fruits sont refroidis, on chauffe de nouveau le four jusqu'à 56 à 63° et on introduit de nouveau les clisses après avoir retourné les prunes sens dessus-dessous. Après quatre à cinq heures, on défourne, on chauffe encore pour élever la température du four jusqu'à 77 à 87°, puis on introduit une troisième fois les clisses. On fait souvent jusqu'à *six chauffes*. La température du four, à la quatrième, doit s'élever de 90 à 100°, celle de la cinquième, de 100 à 110°, et celle de la sixième, de 125 à 135°. Quand on opère cette sixième cuisson, on ne laisse les prunes dans le four que pendant deux heures au plus. Une bourrée d'épines et des bottes de sarment suffisent ordinairement après chaque cuisson consécutive pour élever la température du four au degré voulu.

2° Le second procédé de dessiccation consiste à exposer les prunes dans une étuve spéciale. Celle qui est la mieux disposée est située à Carcy. Elle a été combinée, par M. Maillebiau, de manière à utiliser toute la chaleur du combustible consommé. Au rez-de-chaussée, sont situées . 1° une étuve préparatoire; 2° une étuve munie d'un support hélicoïdal tournant, dans laquelle s'achève la cuisson de la prune. La température se trouvant d'autant plus élevée qu'on se rapproche davantage du foyer, on fait descendre aux clisses les divers étages du support hélicoïdal ; par cette opération, les fruits reçoivent une chaleur croissante de manière à compléter leur cuisson dans les étages inférieurs.

Cette étuve économise beaucoup de combustible et la main-d'œuvre. M. Maillebiau y prépare, en vingt-quatre heures, 200 kilog. de prunes, quantité qu'on ne pourrait préparer pendant le même temps que si on disposait de cinq fours à pain. Elle a valu à son auteur une récompense de la Société impériale et centrale d'agriculture de France.

Quand la cuisson est terminée, on procède au triage des pruneaux, qui consiste à extraire tous les fruits avariés et petits. Ceux qui restent constituent les prunes appelées *rame choix, impériale.* On les vend plus ou moins cher, selon le nombre de fruits contenus dans 500 grammes. On dit alors que la prune est de 50, 60, 80, 100 à la livre.

Voici les prix moyens auxquels sont vendues les diverses prunes d'ente :

Frétins.........	140 à 150 fruits.	20 fr. les 50 kilog.	
—	120 à 125	—	25	—
Petite rame.....	110 1 115	—	30	—
Rame...........	100 à 105	—	40	—
Belle rame......	90 à 95	—	50	—
Rame supérieure.	80 à 85	—	60	—
Demi-choix.....	70 à 75	—	75	—
Choix..........	60 à 65	—	90	—
Impériales......	50 à 50	—	125	—

Ces fruits sont vendus à Bordeaux dans des caisses de 50 kilogr.

Les négociants qui achètent ces fruits emballent les prunes rames dans des caisses en bois de 10 à 50 kilog., garnies intérieurement de papier blanc. Quand une caisse été remplie, on comprime un peu les fruits et on couvre ceux-ci de quelques feuilles de laurier qui augmentent leur parfum. Les prunes communes sont expédiées dans de grandes caisses ou des demi-barils de 200 kilogr.

Un prunier bien conduit donne, en moyenne, chaque année, 18 à 20 kilog. de prunes fraîches ou environ 5 kilog. de pruneaux.

On cultive aussi le prunier, mais dans une proportion beaucoup plus faible, dans les départements de la Dordogne, du Tarn-et-Garonne et de la Charente-Inférieure.

La cueillette, le triage des fruits, leur exposition dans les fours et leur préparation pour la vente, sont exécutés par des femmes.

Abricotier. — L'abricotier est répandu sur les coteaux situés sur la rive gauche de la Garonne. On vend ses fruits à l'état frais.

On le greffe sur prunier. On le taille tous les ans dans le but de faire disparaître les branches et les gourmands qui s'y développent. On le dirige en plein vent.

Ses fruits sont récoltés à mesure de leur maturité et livrés aussitôt à la vente. L'Agénois exporte annuellement à Bordeaux et à Paris une grande quantité d'abricots. Ces fruits sont expédiés au début de la récolte comme fruits de primeur; on les emballe dans des boîtes de bois blanc garnies intérieurement de papier.

Figuier. — Le figuier réussit bien en pleine terre dans la région du sud-ouest, lorsqu'il occupe des terrains profonds, légers, non humides et abrités par des élévations des vents du nord et du nord-ouest ou lorsqu'il végète sur des coteaux exposés au sud-ouest. La variété, dite *figue de Bordeaux*, y végète très-bien; il en est de même de celle dite *blanquette*.

Les figues qu'on dessèche à Clairac (Lot-et-Garonne) sont de bonne qualité, quoiqu'elles soient inférieures à celles qu'on prépare dans la Provence (voir *Région du sud*).

SECTION III.

LE NOYER ET LE CHATAIGNIER.

Noyer. — Le noyer est très-commun sur divers points du département de la Dordogne. On le rencontre aussi dans les départements du Gers, du Tarn-et-Garonne, du Lot et de la Charente-Inférieure. Le centre de sa culture, dans le Périgord, est situé dans le Sarladais. On a calculé que le département de la Dordogne exportait annuellement 3 500 000 kilog. de noix, qu'il en consommait 6000 hectolitres, et qu'il en retirait 4 200 000 kilog. d'huile.

Les noix du Périgord sont fournies, 1° par le *noyer commun* et ses sous-races : le *noyer de Redon* ou *noyer à fruits ronds*, le *noyer Placel* ou *Placeau* dont la coque reste brune ; 2° le *noyer Lattarel* ou *Hogarelle* à fruit gros, très-estimé dans le Sarladais ; 3° le *noyer de Saint-Jean*, qui a l'avantage de pousser tardivement ; 4° le *noyer d'amande* ou à *coque tendre* ou *de la Lande*, variété hâtive dont les fruits fournissent une huile excellente ; 5° le *noyer mesange* ou *petite ente* ou *senzille*, à fruits petits, mais ayant une coque tendre bien remplie ; 6° le *noyer de Jauge* ou *à Bijoux* ou *cacodas*, à fruits ronds très-gros, peu remplis et peu recherchés ; 7° le *noyer Couturas* ou *Conduras* ou à *fruits pointus*, *corne de bœuf* ou *corne de mouton*, à coque allongée, un peu dure ; 8° le *noyer à fruits anguleux* donnant une huile excellente mais ayant l'inconvénient d'avoir une amande qui adhère très-fortement à la coque.

Le noyer végète de préférence dans les terres perméables, profondes, argilo-calcaires ou argilo-siliceuses. On propage les variétés sur noyer franc de pied, à l'aide de la greffe en flûte, appelée aussi greffe en sifflet ou en chalumeau. On espace les pieds les uns des autres de 20 à 25 mètres, afin qu'ils puissent subir l'influence de l'air et de la lumière.

Un noyer en plein rapport donne, suivant les années,

Fig. 40. — Récolte des noix.

100 à 150 litres de noix. On ramasse les fruits à mesure qu'ils tombent, ou on les gaule quand le brou ou enveloppe commence à se crevasser (fig. 40) ; on les écalle et on les étend ensuite dans un grenier pour les faire sécher. Un mois ou six semaines après on les livre à la vente ou aux huileries. On doit les remuer de temps à autre pour empêcher qu'ils ne s'échauffent et que leurs amandes ne rancissent.

Un hectolitre de noix pèse en moyenne de 36 à 40 kilogr. suivant leur qualité. On en extrait deux huiles, 1° l'*huile blanche* ou *huile combustible* que fournissent par une seule pression et une seule chauffe les noix les plus belles ; 2° l'*huile à brûler* qu'on nomme *huile noire* et qui provient du tourteau qui a fourni l'huile précédente et qu'on a chauffée et pressée une seconde fois. 100 kilogr. d'amande réduite en pâte par une meule verticale, chauffée de 120 à 150°, puis soumise à une forte pression, donne de 50 à 55 kilogr. d'huile. L'huile de noix se vend de 100 à 120 fr. les 100 kilogr.

Les noix pour la table, qu'on exporte du Périgord à Bordeaux, Paris, en Angleterre, etc., sont vendues de 15 à 28 fr. les 100 kilogr., selon leur qualité. La noix dite de *Conduras* est celle qu'on exporte le plus au loin. Dans la contrée, on consomme de préférence la noix mesange et la noix La Lande.

Le noyer fait la richesse des cantons de Thenon, Exideuil, Hautefort, Savignac les Églises, etc.

Châtaignier. — Le châtaignier est aussi répandu dans le Périgord, le Quercy et l'Angoumois. C'est sur les sols granitiques, les terres schisteuses, les sols siliceux qu'il acquiert son plus grand développement. On le greffe exactement comme le noyer.

Les fruits qu'il fournit ont une certaine importance, mais les plus beaux sont ceux qu'on récolte non loin de Mazamet (Tarn) et qu'on appelle *marrons de Mazamet*.

C'est de Bergerac et de Périgueux qu'on exporte les belles châtaignes que produit le Périgord.

La récolte des fruits est faite pendant le mois d'octobre (voir *Région des montagnes du centre*).

CHAPITRE XIX.

LES ANIMAUX DOMESTIQUES

La région du sud-ouest comprend des chevaux, des mules et mulets, des bêtes bovines, des bêtes à cornes et des bêtes porcines.

SECTION I.

LES RACES CHEVALINES ET MULASSIÈRES.

Races chevalines. — Les races chevalines qui vivent dans dans la région sont au nombre de quatre, savoir :

1° La RACE NAVARRINE qu'on élève dans l'Armagnac, la Bigorre, le Béarn et la Navarre. L'ancienne race navarrine était de petite taille, avait des paturons longs, mais elle était très-recherchée pour le service de la selle, et surtout des manéges. La race actuelle se rapproche ou du cheval arabe ou du cheval anglais, étalons à l'aide desquels elle a été améliorée. Les plus beaux chevaux navarrins existent dans la plaine de Tarbes et la vallée de Campan ; ils sont plus grands que les animaux qui ont conservé tous les caractères de l'ancienne race, si remarquable par sa souplesse et son agililité ;

2° La RACE LANDAISE est de petite taille ; sa tête est petite, carrée, fine ; son encolure est souple, mais courte ; sa crinière est soyeuse et son garrot saillant. Cette race est noire, petite, infatigable et sobre ; elle est remarquable par la vigueur de sa constitution, la sûreté de ses pieds et la rapidité de ses allures ; malheureusement, elle est très-peu distinguée dans ses formes, et on lui reproche avec raison d'avoir un poitrail étroit et une croupe oblique.

Les *chevaux des Lettes* vivent en liberté dans les marais du littoral (fig. 41). Ils sont charmants et doués d'une énergie remarquable. On les nomme quelquefois *chevaux barbes*.

Les chevaux landais qui habitent les riches vallées de Mont-de-Marsan et de Dax, sont plus étoffés; ils ont du sang oriental ou anglais. Ceux qu'on rencontre dans les plaines situées non loin de l'Adour sont plus forts encore; on les appelle souvent *chevaux basques*; ils ont beaucoup de rapport avec la race navarrine ou *race béarnaise*.

Fig. 41. — Chevaux landais.

Les chevaux landais sont principalement vendus aux foires de Durance, Saint Justin, Erm.

3. Le RACE MÉDOCAINE est élevée dans les parties herbeusès du Médoc; ils ont des os un peu gros, mais leur taille est moyenne. Les animaux les plus étoffés sont vendus comme chevaux de trait. Ceux qui ont un ensemble meilleur, une tête un peu légère, une croupe allongée, une taille un peu élevée et qui ont des formes suffisamment arrondies sont achetés comme animaux d'attelage.

Cette race est l'ancienne race des Landes, modifiée par une alimentation plus aqueuse ou meilleure et par le sang anglais ou arabe.

4° La RACE DES CHARENTES vit dans son jeune âge presque à l'état sauvage dans les marais de Rochefort, de Marennes, etc.; elle est difficile à dresser. Elle est plus ou moins étoffée ou grossière, selon la nature des terrains sur lesquels elle se nourrit. Croisée avec des étalons de l'État, elle donne des animaux qui, bien élevés, se vendent pour la cavalerie et comme chevaux d'attelage.

5° La RACE ARIÉGEOISE comprend des animaux de moyenne taille, assez mal conformés, mais sobres et d'une rusticité remarquable. Ces animaux sont principalement élevés sur les montagnes qui appartiennent aux communes de Foix, Brassac, Saint-Pierre, Genat. Le cheval ariégeois est employé avec succès dans le service des voitures publiques dans l'Ariége, le Tarn et la Haute-Garonne, parce qu'il est agile, nerveux et d'un naturel doux.

Quoi qu'il en soit, cette race toute locale est supérieure aux chevaux de Saint-Porquier (Tarn), qui ont des formes distinguées, mais qui deviennent souvent aveugles.

Races mulassières. — On élève beaucoup de mulets dans les départements de l'Ariége, de la Haute-Garonne, du Tarn-et-Garonne, du Gers, du Tarn et des Hautes-Pyrénées. La race qu'on y propage est connue sous le nom de *race mulassière de Gascogne* (fig. 42). Les animaux qui lui appartiennent sont moins beaux que les mules et mulets qui appartiennent à la *race mulassière du Poitou* et qu'on multiplie dans le département de la Charente-Inférieure. En général, les mulets de Gascogne sont grands et minces. La plupart des *pagès* du Tarn ont une jument venant du Poitou, afin de pouvoir faire naître des mules et mulets très-étoffés.

Il se fait annuellement un important commerce de mules et mulets dans les principales foires des Pyrénées. On en vend aussi beaucoup le 7 novembre à Masseube (Gers); le 11 du même mois, à Lectoure et à Bagnères-de-Bigorre; le quatrième mardi de novembre, à Mirande, et le 13 décembre, à Castel-Magnac (Hautes-Pyrénées).

Les foires du Tarn, où l'on vend les plus beaux mulets de l'Albigeois, sont celles de Lavaur, Albi, Graulhet et Puylaurens. Les foires de Lombez (Gers), des 7 septembre et 25 octobre, et celle de Masseube du 7 novem-

Fig. 42. — Mulets de Gascogne.

bre, sont célèbres par le commerce des mules qui s'y fait; les Espagnols viennent y faire des achats importants. Celles de Montréjeau (Haute-Garonne), attirent aussi les muletiers espagnols.

On désigne, dans la Charente-Inférieure, les mules d'un

an sous le nom de *jetonnes*, et celles de deux ans sous celui de *doublonnes* (voir *Région de l'ouest*).

Race asine. — La partie méridionale de la région possède un grand nombre d'animaux appartenant à l'espèce asine; la *race des Pyrénées* a une taille élevée et elle est très-estimée (fig. 43). La *race de la Gascogne* est moins

Fig. 43. — Anes des Pyrénées.

élancée, mais elle est plus trapue. Le Périgord utilise aussi l'âne comme animal de travail. Les animaux qu'on y rencontre appartiennent à la *race commune*.

Les baudets de ces deux races ont une robe brune ou noire avec le dessus du ventre plus pâle. Ceux de la race du Poitou sont entièrement noirs.

SECTION II.

LES RACES BOVINES.

La région du sud-ouest possède un grand nombre de races bovines qu'on peut aisément réduire à cinq bien distinctes les unes des autres.

1° La RACE D'AUBRAC appartient à la *Région des montagnes du centre*; mais elle a produit une sorte de sous-race à laquelle on a donné, il y a peu de temps, le nom de *race d'Anglès*. Cette race réside dans les environ de Lacaune, Anglès, Brassac, Vabre et Castres (Tarn). On lui a donné aussi le nom de *race tarnaise*, *race de Lacaune*. Elle a des os petits, des cornes courtes et bien contournées, une poitrine ample, un ventre développé, mais on lui reproche avec raison la faiblesse de son train postérieur. Son poil est gris blaireau.

La race pure d'Aubrac a une conformation meilleure (voir *Région des montagnes du centre*). Nonobstant la *race d'Anglès* et celle dite *race des montagnes Noires*, sont sobres, alertes au travail et d'un engraissement assez facile.

2° La RACE CAROLAISE ou *race de Cerdagne* est répandue dans les cantons de Querrignet, d'Ax et de Saverdun (Ariége); elle est rustique et a des allures assez vives; elle est excellente pour le travail mais elle est mauvaise laitière (voir *Région du sud*).

Dans le sud-ouest du département, aux environs de Tarascon, Saint-Girons et surtout de Cintegabelle, on rencontre une sous-race à laquelle on a donné les noms de *race ariégeoise, race saint-gironaise, race tarasconne*. Cette race a pour origine des taureaux espagnols, introduits il y a un siècle par M. de Saint-Sauveur, intendant général du Roussillon. Elle se distingue de la race carolaise par sa robe gris châtain foncé, d'une nuance presque uniforme. Ses principaux avantages sont d'avoir un pas allongé, une grande aptitude à supporter la chaleur et de mieux résister à la fatigue et à une mauvaise alimentation et d'être enfin meilleure laitière. On confond souvent cette race avec la race gasconne.

Les bœufs appartenant à la race ariégeoise s'affaiblissent rarement à la suite du bistournage. La monte a lieu dans les pâturages des montagnes où les vaches et les jeunes animaux vivent une partie de l'année.

La *race de Massat* provient d'un croisement carolais et saint-gironais; elle a une robe claire et les extrémités noires. Les vaches qui lui appartiennent sont bonnes laitières; on les nomme souvent *vaches de Saint-Girons*.

Les animaux qu'on retire de la haute Ariége sont vendus à la Saint-Michel à Tarascon et à Foix.

3° La RACE GASCONNE est répandue dans les départements de la Haute-Garonne et du Gers. Il y a vingt ans, elle était encore très-défectueuse par sa tête forte, ses cornes développées, sa côte aplatie, sa peau dure et coriace, etc. Croisée avec la race garonnaise ou la race agenoise, elle a beaucoup gagné sous tous les rapports. Ainsi sa tête a perdu de son volume, ses côtes se sont arrondies, son garot s'est élargi, son train postérieur s'est développé et sa robe, qui était en grande partie noire ou brune, avec une raie fauve sur le dos, a pris une nuance moins sombre.

La race gasconne est excellente pour le travail, mais les vaches qui lui appartiennent donnent généralement peu de lait. Très-certainement, avec le temps, on parviendra à lui faire perdre les défauts qu'elle possède encore et qui ne permettent pas de la placer à côté de la race garonnaise. Nonobstant, dans la plaine de Toulouse et dans l'Armagnac on la préfère à la race agénoise, quoiqu'elle soit lente à se développer, très-exigeante et d'un engraissement difficile.

Les animaux à poil blaireau forment une sous-race à laquelle quelques agriculteurs ont donné le nom de *race du Gers*.

4° LA RACE GARONNAISE est très-remarquable; elle est très-répandue dans les départements du Lot, du Lot-et-

Garonne, du Tarn-et-Garonne, du Gers et de la Gironde. Cette race (fig. 44) a été bien améliorée depuis dix à quinze années; elle a perdu de sa taille, ses os ont diminué de volume, ses aplombs sont meilleurs, son corps est plus cylindrique et elle a beaucoup gagné en précocité. Sa robe est fauve ou froment avec des taches plus foncées sur les côtes. On lui reproche d'avoir les pieds mous..

Cette race a donné naissance à deux sous-races : à la race agénoise et à la race bazadaise.

La *race agénoise* existe dans toute sa pureté sur les co-

Fig. 44. — Race bovine garonnaise.

teaux de l'Agenois, et c'est aux foires de Marmande, d'Agen et de Villeneuve qu'on la voit dans toute sa beauté. Cette race a des formes belles et régulières; sa robe est froment clair. Si les vaches donnent peu de lait, si les bœufs supportent difficilement de rudes fatigues, en général, les unes et les autres s'engraissent avec facilité. C'est son aptitude marquée à prendre la graisse qui a valu à la race agénoise la réputation dont elle jouit dans la vallée de la Garonne.

La *race bazadaise* (fig. 45) a une tête fine, un joli cornage, une poitrine développée et un poil fauve. Elle est assez précoce, vive, alerte, rustique et facile à engraisser. Elle est répandue dans les départements de la Gironde, des Landes, du Gers et du Lot-et-Garonne. C'est dans l'arrondissement de Bazas (Gironde) qu'elle a pris naissance, mais c'est aux environs de la Réole qu'on la rencontre dans toute sa pureté.

La race bazadaise alliée à la race agenaise a produit la race *néraquaise*.

5° La RACE BÉARNAISE est ancienne; on la croit origi-

Fig. 45. — Race bovine bazadaise.

naire d'Espagne. Elle est de taille moyenne; ses cornes sont blanchâtres, disposées en forme d'arc, portées un peu en arrière et très-élégantes; son pelage est rouge brun plus ou moins clair (fig. 46).

Cette race est sobre, rustique et excellente pour le travail. Son ensemble est beau, mais on dit généralement qu'elle a beaucoup perdu de sa vigueur, que la force de ses membres est moins prononcée, que sa peau est moins souple, parce qu'elle vit maintenant dans des vallées fertiles et sur des coteaux calcaires plantureux; nonobstant, ses allures sont vives et rapides.

Cette belle race a donné naissance à quatre sous-races :

La *race lourdaise* ou *race de Lourdes*, ou *race tarbaise* qui est répandue dans les vallées d'Argelès, Azun et Bagnères. Cette race est très-laitière parce qu'elle a été perfectionnée par la sélection. Sa taille est assez élevée, son bassin est développé, ses mamelles sont amples et ses jambes sont assez fortes. Elle vit sur les pacages des montagnes pendant la belle saison.

La race de Lourdes a été souvent croisée avec la race

Fig. 46. — Race bovine béarnaise.

de Saint-Girons (Ariége). C'est pourquoi sa robe est quelquefois un peu grise.

La *race barelonne* ou *race barétous* vit comme la race béarnaise dans les vallées de Morlaas, Barétous, de Bordes, d'Oléron où l'herbe est sans cesse abondante et savoureuse. La vallée de Barétous a 25 kilomètres de longueur et 10 kilomètres de laigeur; elle a échappé à l'épizootie de 1774. Cette belle vallée est arrosée par le Vert, rivière qui se jette dans le Gave à 4 kilomètres d'Oléron. Les animaux qui appartiennent à cette sous-race ont une belle conformation et sont très-propres au travail.

La *race landaise* ou *race des Landes* est répandue sur les rives de l'Adour et dans l'ancienne Chalosse; elle est petite, sobre, agile, nerveuse et très-élégante.

Sa robe est jaune rougeâtre; mais sur les confins de la Gironde, où elle est croisée avec la race bazadaise, son pelage est souvent plus foncé.

Les vaches qui habitent le Maransin et les grandes Landes, vivent souvent en troupes dans les forêts.

La *race busquaise* a des cornes moins développées, des formes plus lourdes et un pelage plus rouge vif; elle s'engraisse assez facilement. Elle est commune dans l'arrondissement de Mauléon (Basses-Pyrénées) et dans les parties fertiles situées entre Dax et Pau.

En général, tous les animaux qui appartiennent à la race béarnaise et à ses dérivés, sont remarquables par l'élégance de leurs formes et leur agilité dans la marche. En outre, leur taille, leur volume varient suivant la fertilité des terres où ils sont élevés.

6° La RACE MARAICHINE habite les marais de Rochefort, Marennes et la Rochelle; son pelage est gris blanc. Les vaches qui lui appartiennent sont assez bonnes laitières, mais les bœufs sont difficiles à engraisser. Les unes et les autres vivent dans les marais de la Saintonge depuis le commencement de mars jusqu'en octobre.

Le département de la Dordogne possède un assez grand nombre d'animaux appartenant aux *races limousine* et *auvergnate* (voir *Région des montagnes du centre*). On rencontre aussi la race auvergnate ou *race de Salers* dans les arrondissements de Gaillac et d'Albı (Tarn). Enfin, le département de la Gironde possède beaucoup de vaches laitières appartenant à la *race bretonne* (voir *Région de l'ouest*).

On a introduit avec succès la *race d'Ayr*, dans les départements des Landes et du Lot-et-Garonne. Cette race est maintenant répandue dans la Bresse (voir *Région de l'est*) et dans la Bretagne.

L'élevage de la race bovine est aujourd'hui mieux entendue dans la région qu'il y a vingt ans; malheureusement, on ne choisit pas partout très-sévèrement les reproducteurs et souvent aussi les accouplements ne sont pas suffisamment surveillés. En général, le bétail est bien soigné. Les bouviers ne frappent jamais les animaux qu'on leur confie; c'est à l'aide de la voix qu'ils les excitent à marcher vite. Pendant l'été on les couvre d'une toile pour les garantir des insectes, et souvent durant l'hiver on les protége avec une couverture de laine contre les intempéries.

Dans les Pyrénées, les vaches, les génisses, les bouvillons vivent pendant la belle saison en troupes de 500, 1000 et quelquefois 1500 têtes. Ces animaux appartiennent à plusieurs communes et sont confiés à la garde de 2 à 3 vachers. L'hiver on les *hiverne* dans les vallées ou les plaines et on les nourrit avec du foin et de la paille de maïs ou de millet; ils reçoivent rarement des racines.

Dans le département des Landes, les vaches et surtout les bœufs sont nourris par *bouchées* ou par petites poignées. L'homme qui est chargé de les nourrir de cette manière est connu sous le nom d'*emboyeur*. Les animaux qu'on alimente ainsi ont leurs têtes fixées à l'aide d'un volet mobile dans une ouverture appelée *arieste*, ou bien on les réunit deux à deux sous un joug attaché à un poteau.

En général, depuis 10 à 15 ans, les animaux ayant une taille colossale, des os développés, une masse considérable, ont été notablement améliorés par des accouplements judicieux et une nourriture meilleure et plus abondante. Ce progrès se continuera si les agriculteurs de la région songent davantage à la production fourragère.

On engraisse annuellement un grand nombre d'animaux appartenant à l'espèce bovine, dans les environs de Meilhan, Marmande, la Réole, Tonneins, etc. (Lot-et-Garonne), dans la vallée d'Agout (Hautes-Pyrénées), dans les parties fertiles du Périgord et les marais de la Saintonge. La vallée de la Garonne ne connaît que l'engraissement de *pouture* ou à l'étable. Cet engraissement est long; il commence en juillet et août et se termine en février. Les bœufs ou les vaches qu'on a engraissés sont vendus pour les boucheries de Bordeaux, de Bayonne, de Toulouse, de Carcassonne, de Marseille, etc.

On exporte annuellement du département de Lot-et-Garonne, un certain nombre de taureaux garonnais pour les départements du Tarn-et Garonne, du Lot, de la Haute-Garonne, de la Dordogne et de la Haute-Vienne.

Le lait produit par les vaches qui estivent dans les montagnes des Pyrénées est recueilli avec soin. Pour le soustraire pendant l'été à l'action de la chaleur, on le verse dans des vases qu'on plonge dans un torrent dont le cours rapide a été rompu par un amas de pierres. Les vases sont ensuite couverts par des pierres plates pour les dérober aux regards des voyageurs.

SECTION III.

LES BÊTES A LAINE ET LES CHÈVRES.

La région du sud-ouest renferme un grand nombre de races ovines, qui pour la plupart sont mal caractérisées.

1° La RACE QUERCINOISE ou *race des Causses* est haute sur jambes, mais son corps est développé et ses cornes sont petites; sa laine est longue, abondante et grossière. Elle vit exclusivement sur les pâturages, dans les bois et sur les collines. Souvent elle parcourt journellement jusqu'à 10 kilomètres pour trouver sa nourriture. Pour éviter que les animaux ne s'égarent, ils portent au cou une clochette. Les bêtes à laine qui résident dans le département du Lot ont généralement une laine courte, plus fine, parce qu'elles ont du sang mérinos.

Cette race est très-rustique, fournit une bonne viande, et est recherchée pour la boucherie. On l'a croisée heureusement avec la race dishley dans diverses localités où l'herbe est abondante. On la rencontre aussi dans le département de la Dordogne où elle est connue sous le nom de *race du Périgord*.

2° La RACE LAURAGUAISE est répandue dans les départements de la Haute-Garonne, du Tarn-et-Garonne, du Lot-et-Garonne et du Gers. Elle est rustique, sobre et marcheuse; sa taille est moyenne, ses formes sont assez belles, et sa toison qui est tassée est composée de brins de laine d'une moyenne finesse. Les brebis qui sont assez bonnes laitières donnent souvent deux agneaux.

Cette race, dite *race des plaines*, a été croisée par M. Martegoute avec le dishley mérinos; les résultats en ont été très-satisfaisants.

3° La RACE PYRÉNÉENNE ou *race de Lourde*, *race de Campan*, *race béarnaise*, a une taille assez élevée, une tête lourde, massive, très-busquée et offrant des taches rousses très-apparentes, et une laine grossière, souvent jarreuse, et à mèches pointues, blanche, rousse ou brune. Cette race est rustique et sa viande est excellente.

La *race bigorroise* a un corps plus développé et une laine meilleure, plus fine, plus soyeuse parce qu'elle a du sang mérinos.

4° La RACE LANDAISE est petite, sa tête est effilée, sa poitrine est étroite et sa croupe est peu développée; sa laine est blanche, noire ou rousse. Elle vit dans les landes de la Gascogne, et celles qui sont à l'ouest de Tarbes. Cette race est très-rustique : l'herbe rare et maigre des landes lui suffit, et quoiqu'elle soit presque constamment dans l'eau pendant l'hiver, elle est peu sujette aux maladies. Sa tête, son ventre et ses jambes sont dénués de laine.

Cette race a la tête et les jambes tigrées de taches rousses.

5° La RACE ARIÉGEOISE est forte, mais sa conformation est moins bonne que celle de la race du Lauraguais. Sa tête est moyenne, un peu busquée et présente aussi des taches rousses ou noires. Sa laine est longue, commune et plus ou moins fine. Cette race qui a plus ou moins de sang mérinos passe la belle saison sur les pâturages des montagnes du comté de Foix et sur les hauts plateaux de la vallée de l'Ariége où elle est connue sous le nom de

race saint gironnaise; on l'engraisse dans les vallées in
férieures et dans les plaines. Sa viande est de parfaite
qualité.

6° La RACE MARAICHINE ou *race saintongeoise*, est répandue dans les marais de la Charente-Inférieure. Sa
taille est élevée et sa laine est longue et flottante (voir
Région de l'ouest). Cette race descend de la race hollandaise.

La RACE DE CHAMPAGNE ou *race champenoise* est très-
forte et a une très-grande analogie avec la race maraîchine. Ses oreilles sont longues et pendantes. On la trouve
dans les arrondissements de Cognac, Jonzac et Barbézieux (Charente). Mais son centre est à Champagne-
Mouton, chef-lieu de l'arrondissement de Confolens. Sa
laine est longue, dure et flottante.

7° La RACE MÉRINOS existe çà et là dans la région du
sud-ouest, soit pure, soit alliée aux races quercinoise,
lauragaise et pyrénéenne. La race *agenoise* provient du
mérinos; sa laine est courte.

8° La RACE SOWTHDOWN (fig. 47) est aujourd'hui assez
répandue sur divers points de la région. Jusqu'à ce jour,
elle a très-bien réussi dans les départements des Landes
et du Lot (voir *Région des plaines du centre*). Enfin, on a
introduit la *race dishley* dans les départements de la Haute-
Garonne et de la Charente-Inférieure (voir *Région du nord-
ouest*). Cette race s'y propage assez bien. On l'a croisée
avec les races lauraguaise et maraîchine. Les résultats ont
été satisfaisants.

Les bêtes à laine forment suivant les localités des troupeaux plus ou moins considérables. Dans diverses contrées
on les confie à des enfants qui les gardent fort mal; dans
d'autres, ce sont des bergers de profession qui les sur-
veillent.

Les troupeaux qui, pendant la belle saison, errent de
pâturage en pâturage dans les montagnes des Pyrénées,
sont toujours précédés par un jeune berger qui appelle de
la voix et aussi de la cloche tout animal qui s'éloigne; le

berger ou *pastre* marche derrière; souvent, il est suivi par un aide muni d'un sac de sel orné d'une grande cioix rouge.

Les bergers pyrénéens sont ordinairement accompagnés d'un chien appartenant à la race des Pyrénées. Ces chiens sont assez forts pour combattre contre les loups et les

Fig. 47. — Moutons southdown.

ours. Leur énorme stature, la blancheur de leur robe, le volume de leur voix impressionnent toujours les voyageurs qui parcourent les hauts plateaux pendant l'été et qui ne connaissent pas ces fidèles gardiens du bétail.

Les bêtes à laine qui vivent dans les landes de la Guyenne sont surveillés par des pâtres montés sur des échasses. Ces bergers, si curieux par leurs costumes et la facilité avec laquelle ils se déplacent et traversent les lan-

Fig. 48. — Chèvres dans les Pyrénées.

des brûlantes pendant l'été et inondées durant l'hiver, diminuent d'année en année par suite des progrès de l'agriculture et de la diminution des terres de bruyères et des grands troupeaux de bêtes à laine.

En général, pendant la mauvaise saison, les troupeaux ne reçoivent comme supplément de nourriture que de la paille de seigle ou de froment.

Les troupeaux qui estivent dans les montagnes des Pyrénées et accidentellement dans celles de l'Auvergne, hivernent dans les plaines de la Gascogne ou les vallées du Béarn. On les tond à la descente des pâturages, c'est-à-dire vers la fin de septembre ou en octobre.

Les moutons qu'on engraisse dans les prés salés de Charron, commune située sur les bords de la Sèvre, et dans ceux de la Jarne, à 7 kilomètres de la Rochelle (Charente-Inférieure), sont très-recherchés.

Les bergers espagnols qui viennent avec des troupeaux estiver dans les vallées d'Ossone, d'Estaubé, etc., payent 0 fr. 40 par chaque bête à laine.

Les montagnes de la région du sud-ouest renferment un grand nombre de *chèvres*. Ces animaux vivent par troupes considérables dans les forêts des montagnes des Pyrénées (fig. 48), où les dégâts qu'ils commettent annuellement sont aussi importants que ceux qu'ils occasionnent dans les Cévennes et les Alpes.

SECTION IV.

LES RACES PORCINES.

On ne rencontre dans la région que trois races porcines indigènes :

1º La RACE DU PÉRIGORD ou *race périgourdine* (fig. 49), a la tête et le cou noirs et une large tache noire sur la croupe, et quelquefois sur le dos. Sa taille est ordinaire, ses formes sont assez belles, et ses oreilles à demi tombantes.

Cette belle race indigène est productive et fournit une viande de bonne qualité.

Les animaux qui lui appartiennent sont plus développés que les porcs limousins.

Cette race est répandue dans les départements de la Dordogne, du Lot-et-Garonne et du Lot. Ses soies sont lisses. On la nourrit avec des pommes de terre, des châtaignes ou du maïs.

La *race du Quercy* ou *race quercinoise* est plus petite, mais elle a les mêmes caractères.

Fig. 49. — Porc périgourdin.

2° La RACE DES PYRÉNÉES, *race de la montagne* ou *race du Lauraguais* est de taille moyenne à dos voûté et souvent entièrement noire. Elle vit parfois à demi sauvage dans les bois (fig. 50) sous la surveillance d'un pâtre appelé *pourcade*. C'est cette race qui fournit la plupart des jambons qu'on livre à la consommation dans les Basses-Pyrénées et le Gers, sous le nom de *jambons de Bayonne*.

La *race ariégeoise*, la *race tarbaise* et la *race navarrine* sont identiques à la race précédente.

3° La RACE ORDINAIRE ou *race de Gascogne, race agenoise*

est blanche, haute sur jambes, étroite avec un dos arqué ; ses os sont développés. Cette race que l'on nomme quelquefois *race d'Auvergne* a de grandes oreilles tombantes ; elle est tardive et s'engraisse lentement, mais elle marche très-aisément. On lui préfère à bon droit dans la vallée de la Garonne la race périgourdine.

Une grande partie des gorets ou des jeunes porcs élevés dans le Périgord, le Quercy et les montagnes des Pyré-

Fig. 50. — Porcs au pâturage.

nées, sont vendus à des marchands qui les conduisent dans les plaines où l'on spécule de préférence sur l'engraissement.

Ces diverses races, sur divers points de la Région, ont été croisées très-heureusement avec les races anglaises dites de : *Berkshire*, *Hampshire* et *New-Leicester*.

On engraisse annuellement beaucoup de porcs dans les départements de la Dordogne, du Tarn-et-Garonne, des Hautes-Pyrénées, du Lot et de la Charente. Ceux engraissés dans la Dordogne sont pour la plupart expédiés à Bordeaux, Montpellier et Marseille.

CHAPITRE XX.

LES VOLAILLES, LES ABEILLES, LES VERS A SOIE ET LES FROMAGES.

Volailles. — La région du sud-ouest spécule avec avantage sur l'élevage et l'engraissement des volailles.

1° Les OIES sont nombreuses dans les départements de

Fig. 51. — Oie de Toulouse.

la Haute-Garonne, du Gers, du Lot, du Lot-et-Garonne, du Tarn, des Hautes-Pyrénées et de l'Ariége.

L'*oie de Toulouse* (fig. 51) est remarquable par son grand volume, ses pattes courtes, ses formes lourdes et sa couleur grise. L'*oie de Montauban* est plus svelte et plus élancée sur pattes; ses plumes sont blanches et grises. Leurs œufs sont ordinairement couvés par des poules qu'on achète 3 à 4 francs, ou qu'on loue 1 fr. 50. Les oisons sont vendus à 3 ou 4 mois. Ils sont très-recherchés à Toulouse. On les engraisse à deux époques : en été et en automne. Chaque oie consomme de 25 à 30 litres de maïs. Une oie bien engraissée pèse de 7 à 10 kilogrammes. On gorge les oies qu'on engraisse 2 à 3 fois par jour. Elles donnent par an de 400 à 500 grammes de plumes.

Les petites fermes ont une oie par 1 à 2 hectares et les grandes exploitations une oie par 4 à 5 hectares.

Dans le canton de Bourgne (Tarn), un jars et quatre oies permettent de réaliser annuellement un bénéfice net de 180 fr.

2° Les CANARDS MÉTIS qu'on appelle *mulards* et qui proviennent d'un croisement opéré entre le canard ordinaire et le canard de Barbarie sont les plus estimés. Leur foie sert à fabriquer les pâtés de foie de Toulouse.

Le département du Tarn engraisse aussi des canards.

3° Le DINDON est élevé en grand dans les départements de la Dordogne et de la Haute-Garonne.

4° Les POULES sont moins belles que les oies et les canards que l'on nomme *gousailles* dans le Tarn. Nonobstant, on estime la *petite poule landaise* ou *béarnaise* qui est dérivée de la race espagnole parce qu'elle est familière, précoce, pondeuse par excellence, qu'elle vit de peu et que sa chaire quoique un peu noire est à la fois ferme et tendre. Les *poules noires* du Gers ont aussi une viande très-délicate. Il en est de même de la *poule de Caussade* (Tarn-et-Garonne). Cette dernière variété est noire avec une crête simple ; elle a quatre doigts et peut atteindre un poids de 2 à 3 kilogr.

Généralement on nourrit les poules avec des criblures de blé qu'on appelle *purges*.

Les volailles grasses de Barbézieux et Blanzac (Charente), sont très-recherchées.

Abeilles. — L'éducation des ABEILLES est très-bien

entendue dans les départements du Tarn, des Landes, de la Charente et des Hautes-Pyrénées. *L'abeille hollandaise* qu'on a introduite dans la Guyenne, est productive dans le département des Landes.

On cite pour leur belle qualité le miel du canton de Querrigut (Ariége), et la cire de la Bouheyre, Roquefort et Sabre (Landes).

La cire qu'on récolte dans les grandes Landes est supérieure à la cire des petites Landes et celle-ci est préférée à la cire du Périgord.

Ces divers départements renferment çà et là des ruchers ou *apiers* très-bien disposés (voir *Région de l'ouest*).

Vers à soie. — On élève avec succès des vers à soie dans l'arrondissement de Lavaur (Tarn), et sur divers points dans les vallées inférieures du département de l'Ariége (voir *Région du sud*).

Fromages. — La région du sud-ouest fabrique divers fromages qui ont de la réputation.

Le lait des vaches du canton de Vaour (Tarn), sert à faire les *fromages de Gresigne* qu'on vend enveloppés dans des feuilles de châtaigniers.

Dans le canton de Lacaune qui appartient au même département et où le beurre qu'on fabrique est excellent, on se livre depuis longtemps à la fabrication d'un *fromage façon Roquefort* (voir *Région des montagnes du centre*).

Les *fromages de Thiviers* (Dordogne) sont aussi très-estimés.

Le lait des troupeaux qui vivent pendant l'été sur les pâturages des montagnes des Pyrénées sert aussi à fabriquer les fromages qu'on consomme à Tarbes, Pau, etc. Ces fromages sont de bonne qualité.

Il existe à Ancizan, dans la vallée d'Aure (Hautes-Pyrénées), une association fruitière qui se livre à la fabrication de *fromages de Gruyère*. D'après les données publiées par cette association, un litre de lait donne 0 fr. 15 de revenu net : fromage 0 fr. 11, beurre 0 fr. 03, fromage de petit-lait 0 fr. 01.

On a organisé dans les marais de la Saintonge des fromageries produisant des *fromages façon de Hollande.* Ces fromages, de qualité très-ordinaire, se vendent 1 fr. 50 le kilogr.

En général, dans toute la région, le beurre est mal fabriqué et imparfaitement lavé.

CHAPITRE XXI.

LES FORÊTS ET LES ESSENCES FORESTIERES.

Forêts. — La région du sud-ouest possède des surfaces importantes couvertes d'essences forestières. Voici les principales forêts qu'on y observe :

Ariége. — Auzat, 13857 hectares; Saurat 2434 hect.; Seix, 2331 hect.; Suc, 2163 hect.; Mares, 5250 hect.

Haute-Garonne. — Bouconne, 2027 hect.; Bagnères-de-Luchon, 1880 hect.; Melles, 2465 hect. C'.

Hautes-Pyrénées. — Saint-Savin, 4983 hect. C; Sarrancolin, 3060 hect.; Barousse, 2775 hect.; Tresront, 2578 hect.

Basses-Pyrénées. — Soule, 7006 hect.; Laruns, 4794 hect.; Cize, 4271 hect.; Saint-Pée, 2560 hect; Arette, 2569 hect.; Haira, 2172 hect.; Brayer, 2001 hect; Saint-Engrace, 1943 hect.; Ostabaret, 1645 hect. Toutes ces forêts sont communales.

Landes. — Dunes du sud, 1533 hect.

Tarn-et-Garonne. — Montech, 1347 hect.

Tarn. — Gresigne, 3263 hect.; Ramondens, 1725 hect.; la Brugnière, 1732 hect. C; Lacaune, 1437 hect. C.

Charente. — Braconne, 4343 hect.

Charente-Inférieure. — Aulnay, 2150 hect.

---

1. Les forêts suivies d'un C appartiennent aux communes; les autres sont la propriété de l'État.

Gironde. — Le Flamand, 4302 hect.; la Teste, 2482 hect.

Ces diverses forêts occupent des terrains très-divers, quant à leur nature et leur altitude. Celles de la Dordogne sont souvent négligées, mal tenues.

Les forêts des Pyrénées sont très-belles et presque toutes sont séculaires; suivant leur élévation, les essences qui y dominent sont le châtaignier, puis le chêne, le hêtre, puis enfin les pins et les sapins. Partout ailleurs, sauf les forêts de l'Ariége et des dunes de la Gascogne, c'est le chêne qui y est l'essence dominante.

Si les forêts des Pyrénées sont ornées de plantes herbacées souvent fort belles, celles de la Guyenne renferment l'aubépine, l'arbousier, le cytise à feuilles de sauge et le laurier franc.

La forêt de Cayroulet (Tarn) livre annuellement à Castres 40 000 quintaux métriques de charbon.

Essences feuillues. — Les essences forestières dites *feuillues* qu'on rencontre dans la région, sont assez nombreuses. Plusieurs d'entre elles doivent être regardées comme très-utiles.

CHÊNE TAUZIN. — Cette espèce est connue sous les noms de *chêne noir*, *chêne landais*, de *jarry*, *drouil et négrier;* les Basques l'appellent *ametça*. Elle s'éloigne peu du littoral et appartient bien à la région du sud-ouest. Elle est commune dans les départements des Basses-Pyrénées, des Landes et de la Gironde.

Ce chêne est moins élevé que le chêne rouvre; son écorce est très-estimée; son bois est sujet à se gercer, mais il forme un excellent combustible. C'est principalement sur les sols granitiques, sablonneux et graveleux qu'il végète; il est rare dans les localités où les terres sont calcaires. On rencontre dans les landes de la Guyenne des chênes tauzin qui sont très-vieux.

CHÊNE ROUVRE. — Le chêne rouvre ou *chêne à grappes* est moins répandu que le chêne tauzin. Il abonde dans les parties basses des montagnes des Pyrénées; mais il craint les sols humides, les terres argileuses. Il fournit un excellent bois de fente, avec lequel on fait du merrain qui est très-estimé. Ses glands sont ramassés avec soin; on les utilise avec succès dans l'engraissement des porcs.

CHÊNE PÉDONCULÉ. — Cette espèce appelée *chêne blanc*, végète vigoureusement sur les terrains siliceux ou schisteux, frais et surtout sur les terres d'alluvion. Ce chêne est répandu dans les départements de la Gironde, des Landes et des Basses-Pyrénées, où il acquiert de grandes dimensions et fournit des pièces de bois qui ont une grande valeur. On le cultive ordinairement en taillis et après l'avoir *pelardé* ou écorcé on la transforme en charbon ou ses brins servent à faire des fagots ou *faissonnats*. L'écorce récoltée dans la Guyenne se vend au *ka* qui se compose de 21 fagots ayant un poids total de 208 kilog. Généralement on exploite ce chêne en jardinant ou *espargades*.

CHÊNE VERT. — Cette espèce méridionale conserve ses feuilles pendant l'hiver; on la rencontre çà et là dans la Gironde, la Dordogne, le Tarn-et-Garonne. Elle est rare dans les forêts du département du Tarn, mais elle est commune dans les parties inférieures des départements de l'Ariége et de la Haute-Garonne.

CHÊNE PYRAMIDAL. — Cette espèce est appelée *chêne cyprès* et elle ressemble un peu au peuplier d'Italie. C'est surtout dans le Béarn et la basse Navarre qu'on la rencontre.

CHÊNE-LIÉGE. — Le chêne-liége couvre de grandes surfaces dans les départements des Landes, du Lot-et-Garonne, de la Gironde et sur quelques points de l'Ariége. On le nomme *corsier*, *surier* dans les landes de la Guyenne. Les jeunes pieds y sont connus sous le nom de *suriers*. Cette espèce n'est pas le chêne-liége proprement dit ou le quercus suber; elle est spéciale à la région du sud-ouest et a été désignée sous le nom de *chêne occidental* (Quercus occidentalis).

Les chênes-liéges situés sur les bords de la Gelise (Lot-et-Garonne) occupent une surface de 128 kilomètres carrés. On les propage par leurs glands qu'on confie à la terre

Fig. 52. — Écorçage du chêne-liége.

pendant les mois de novembre et de décembre, ou à l'aide de plants qu'on met en place en avril et mai. Souvent on associe le chêne-liége au pin maritime; alors ces deux essences sont semées presque simultanément. On éclaircit et on commence l'élagage quand les arbres ont 8 à 10 ans. On répète ces opérations lorsque les chênes et les pins sont parvenus à l'âge de 15 ans.

C'est lorsque les chênes ont de 20 à 30 ans qu'on les débarrasse de leur première écorce qu'on appelle *canon* et qui n'est bonne qu'à faire une suie qui sert à teindre en gris. Cet écorçage (fig. 52) se fait en mai et juin. Dix années après, on écorce de nouveau pour avoir le liége dit *recanon*. On opère en juillet et août. Les vieux arbres dits *rouards* ne sont écorcés qu'en septembre. On doit éviter en pratiquant les fentes (voir *Région du sud*), d'attaquer le *lard* ou le *liber*. C'est à la quatrième récolte qu'on a le *liége marchand* qu'on convertit en bouchons dans les nombreuses fabriques situées à Nérac, Mezin et Barbaste.

Le bois du chêne-liége est bon pour la charpente, le charronnage et le chauffage.

HÊTRE. — Le hêtre est commun dans les montagnes des Pyrénées; il s'y élève jusqu'à 1800 mètres au-dessus du niveau de la mer. Son bois sert à faire des cuves, des barattes, etc.

Il en existe une magnifique forêt dans la vallée de Barétous. Il domine dans les forêts de la Gressigne et de Ramondens (Tarn), de Villemur (Haute-Garonne), et il abonde dans celles d'Iraty et de la Hayra d'Orion (Basses-Pyrénées). Enfin, il végète très bien sur les terres granitiques du département du Lot. Le merrain qu'il fournit est très-estimé dans les départements de la Gironde et de l'Hérault.

CHATAIGNIER. — Le châtaignier est presque partout cultivé en taillis. Il fournit des cercles qui se vendent facilement ainsi que des échalas. Sa culture est très-bien entendue dans les départements de la Dordogne, du Lot et surtout de la Gironde. Dans cette dernière localité on l'exploite tous les cinq ans.

A Bussière, Badel, Saint-Pardon-la-Rivière (Dordogne) on fait avec les brins qu'il fournit une grosse vannerie qui est très-estimée.

ROBINIER ACACIA. — L'acacia est très-cultivé dans la Gi-

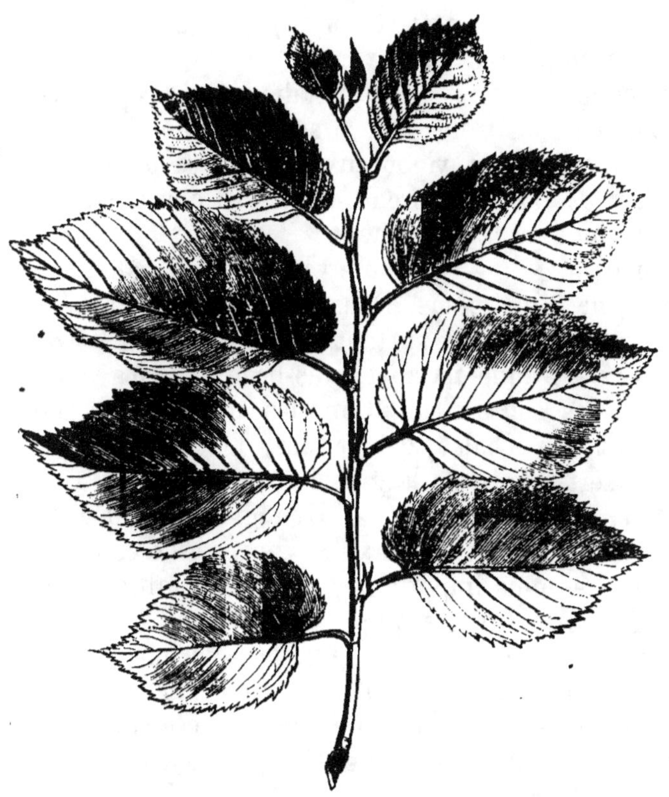

Fig. 53. — Rameau d'orme à larges feuilles.

ronde; on l'exploite en taillis. Le bois qu'il donne et qui est résistant et durable sert à faire d'excellents échalas. Il pousse vigoureusement dans les sols siliceux ou les terrains arénacés. On le multiplie de graines ou on le propage à l'aide de jeunes plants. Ses racines étant très-traçantes, on doit éviter de le planter près des terres cultivées ou des vignobles.

ORME. — L'orme est l'arbre qu'il faut planter sur les sols argileux, les terres d'alluvion qu'on veut ombrager. Il est répandu dans le département du Gers, mais c'est accidentellement qu'on le rencontre dans les forêts.

La variété dit *orme à larges feuilles* (fig. 53) est représentée à Agen (Lot-et-Garonne) par des arbres d'une beauté exemplaire.

PEUPLIERS. — Le *peuplier* d'Italie est très-répandu dans la région, dans les vallées où le sol est profond. Le *peuplier noir* est aussi très-vigoureux dans la Gironde. Enfin, le *peuplier de Caroline* prend un grand développement sur les alluvions de la Garonne.

SAULE BLANC. — Le saule blanc est dirigé en tétard ou abandonné à lui-même. Dans les deux cas, sa végétation est très-remarquable, surtout sur les bords de la Garonne.

AUNE. — L'aune est aussi très-beau dans les vallées, sur le bord des cours d'eau. Dans les vallées de la Garonne, il fournit des échalas, des cercles, des montants de chaises, et sert à faire de la grosse vannerie.

Essences résineuses. — La région du sud-ouest possède des surfaces considérables couvertes d'essences résineuses. Les plus importantes sont au nombre de trois.

1° Le PIN MARITIME qu'on a appelé *pin des Landes, pin de Bordeaux, pin résinier* (fig. 54), occupe les dunes ou les terres sablonneuses qu'on observe sur tout le littoral de la région. Cette espèce a une tige élancée, plus ou moins régulière, des feuilles étroites, longues aciculées et réunies par deux dans une gaîne ayant $0^m,01$ environ de longueur. Son véritable avantage est de croître rapidement dans des terres quartzeuses, sablonneuses et peu profondes, de fournir dès l'âge de 25 ans des torrents de résine et de donner ensuite, quand il a été épuisé, du bois de bonne qualité ordinaire qui sert à une foule d'usages.

C'est cette espèce forestière que Brémontier a choisie de préférence lorsqu'il a entrepris, il y a plus d'un demi-

Fig. 94. — Pin maritime ou pin des Landes.

siècle, de fixer les sables arénacés qui composent les dunes de la Gascogne.

On sème le pin maritime de trois manières différentes :

En *plein* et à la volée lorsqu'on veut boiser des terres labourables et non couvertes de bruyères et d'ajoncs, à raison de 10 à 15 kilog. de graines par hectare ;

Fig. 55. — Gemmage du pin.

En *poquets*, quand on veut utiliser des terres de landes couvertes de hautes bruyères ; alors çà et là on pioche le sol et on y enfouit des graines ; la quantité nécessaire ne dépasse pas 5 kilog. par hectare ;

Par *bandes* larges de 0^m,65 à 1 mètre et espacées de 5 à 7 mètres ; ces bandes sont ameublies à l'aide de la charrue et de la herse ou travaillées par des ouvriers munis de pioches.

Ces divers semis doivent être exécutés en mars et avril suivant la nature du sol et l'état de l'atmosphère. Les semis faits en automne ne réussissent pas toujours très-bien parce que le pin maritime est sensible aux froids de l'hiver quand il est jeune.

Fig. 56. — Gemmage suivant le procédé Hugues.

On le laisse croître jusqu'à cinq ans avec les bruyères et les ajoncs qui l'abritent contre les grandes chaleurs et les vents froids. Alors depuis cet âge jusqu'à dix ans, on l'éclaircit tous les deux ou trois ans; de dix à seize, on renouvelle cette opération tous les trois ou quatre ans; enfin, on éclaircit encore quand il a vingt et vingt-cinq ans pour que tous les pieds soient espacés les uns des autres de 5 à 7 mètres, suivant la qualité du terrain. A partir de la cinquième année, on élague tous les deux, trois où quatre ans, toutes les branches situées sur les parties où l'écorce est brune, gercée ou rugueuse. Autrefois, on élaguait le pin maritime à chicot; de nos jours on coupe toutes les branches rez le tronc. Quand toutes ces opérations ont été faites avec soin, chaque *pignada*, à la vingt-cinquième année, comprend de 500 à 700 pins ou *pignadas* par hectare.

On commence le *gemmage*, ou récolte de la résine, quand à 1 mètre ou 1ᵐ,30 du sol, en enroulant son bras d'un côté de l'arbre, on aperçoit seulement l'extrémité de ses doigts en regardant de l'autre côté. Les arbres ont alors environ 0ᵐ,50 de ciçonférence.

Pour *mettre un pin sur l'œuvre* ou le faire résiner, on suit deux méthodes différentes : la première est très-ancienne; on doit la seconde à M. Hugues, de Bordeaux. La méthode ancienne consiste (fig. 55) à recueiller la gemme dans un trou ou réservoir appelé *crot* et établi dans le sol au pied de l'arbre; le nouveau procédé (fig. 56) a pour but de la recueillir sur l'arbre même à l'aide d'un pot en terre vernissé extérieurement et intérieurement. Dans le premier cas, on perd au moins 15 pour 100 du produit résineux, dans le second, on récolte toute la quantité qui s'exsude de l'arbre et on récolte ou *amasse* une gemme d'une pureté parfaite et d'une blancheur remarquable.

Voici comment on opère suivant les deux méthodes :

En février, le *résinier* armé de la *pousse*, sorte de petite bêche à lame forte, aciérée et tranchante, ou de la *barrasquite*, espèce de croissant à lame étroite, très-forte, pointue et coupante, enlève la partie supérieure de l'écorce sur l'endroit où l'entaille doit être faite; il doit éviter d'écorcher le pignada. Il termine ce travail en faisant tomber à terre les débris qui plus tard pourraient se mêler à la résine.

En avril, il prend le *habchot*, hache à lame un peu concave et il fait une entaille verticale de 0^m,30 environ de longueur sur 0^m,20 à 0^m,22 de largeur et 0^m,01 de profondeur.

Ceci terminé, il creuse à la base de l'arbre et sous l'entaille qu'on nomme *carre, quarre* ou *pique* un *crot* ou réservoir, ou bien à l'aide d'une pointe sans tête il suspend un pot de manière que son bord supérieur soit à la base de la carre, en ayant soin de disposer un petit morceau de zinc formant gouttière de manière que les gouttelettes de gemme ne puissent tomber au dehors. Alors, on ne tarde pas à constater qu'il s'échappe de l'entaille : 1° La *gemme* ou *résine molle* qui tombe goutte à goutte et qui est visqueuse et transparente; 2° le *galipot*, matière vitreuse et blanche. La gemme tombe dans le crot ou dans le réservoir mobile; le galipot s'attache à la surface de la carre. Ordinairement on *ravive* l'entaille deux fois par semaine ou trois fois tous les quinze jours et on récolte les produits provenant de l'exsudation tous les quinze jours environ. C'est avec une pelle que les résiniers enlèvent la gemme qui est tombée dans le *crot* et c'est en se servant de la *pousse* ou de la *barrasquite* qu'il détache le barras qui adhère à la carre. Ces deux produits sont versés dans un sceau en liége appelé *couart*, qui sert à les entonner dans une barrique ou *chalosse* contenant 230 litres, et du poids de 350 kilogr. lorsqu'elle est pleine. A la fin de la campagne, l'entaille a 0^m,55 à 0^m,60 de longueur. Ordinairement on vide les pots ou les crots cinq à six fois par an; à chaque *amasse* ou *ramasse* on détache les galettes de galipot. Ce qui reste est raclé avec soin, façonné en pain en vendu sous le nom de *barras*. L'année suivante on élève successivement cette incision de 0^m,70 à 0^m,75. Un résinier peut soigner de 3000 à 4000 carres.

La carre est généralement trop élevée à la troisième année pour que le résinier puisse la continuer régulièrement vers le sommet de l'arbre. Alors, il se sert de la *crabe*, perche ayant 4 à 6 mètres de longueur et portant des *entailles* ou *crans* de distance en distance. Pour conserver son équilibre et agir avec facilité, il appuie la jambe gauche, contre l'arbre et soutient l'échelle ou la *crabe* sur le jarret gauche. Alors, d'un seul coup, il ravive l'ancienne carre à sa partie supérieure. Ce travail est pénible et il exige de la part du résinier une grande habitude, beaucoup de souplesse et d'agilité et une adresse particulière (fig. 55). A la fin de l'année la carre a 0,90 de plus en longueur. On la ravive encore pendant la quatrième année jusqu'à ce qu'elle ait environ 4 mètres.

Alors, on fait une seconde entaille sur l'arbre, puis quatre années après une troisième et on en commence une quatrième à la troisième période. Le gemmage épuise beaucoup les arbres. Lorsqu'on se borne temporairement à pratiquer une seule carre, on dit que le pin a été *résiné à vie*: Les pins qui présentent quatre entailles sont généralement *mis à perdre* ou *taillés à ruine*, c'est-à-dire mis au *résinage à mort*, procédé qui consiste à y pratiquer des carres sur six à huit faces. De tels pins donnent beaucoup de produits; ils sont exploités ensuite comme arbre forestier.

Ordinairement 100 à 120 pins de vingt-cinq ans, donnent annuellement une barrique de résine ayant une valeur de 60 à 75 fr. Les meilleurs pins donnent annuellement par hectare de 600 à 700 litres de produits résineux. Les communes qui afferment leurs pignadas, les louent 0 fr. 25 par arbre et par an. Les frais du résinage s'élèvent de 20 à 30 fr. par barrique.

La *gemme* ou *résine molle* est liquéfiée à 90° et clarifiée; elle fournit ensuite par la distillation l'*essence de térében-thine*. Les résidus de l'opération qu'on a filtrés donnent : 1° le *brai sec* ou *arcanson;* 2° la *colophane;* 3° la *résine jaune*. On extrait des troncs et des racines qui ont été épuisés en térébenthine en les distillant à une haute température une huile résineuse noirâtre que l'on nomme *goudron*. Le résidu de cette opération est le *brai gras* ou *peq* ou *poix noire*. Douze à quinze souches donnent en moyenne un hectolitre de goudron.

L'essence de térébenthine se vend de 55 à 75 fr. les 100 kil.

Le brai est désigné dans le commerce sous le nom de *brai clair*, *brai demi-clair*, *brai noir*, suivant ses qualités. Le brai clair se vend de 14 à 18 fr. les 100 kilog., la colophane, 20 à 30 fr., la résine 14 à 16 fr. Le galipot vaut de 27 à 30 fr.

On estime que les départements des Landes et de la Gironde livrent annuellement au commerce pour deux millions d'essences et de colophane et pour 150 000 fr. de goudron et de brai gras.

Le bois du pin maritime est cultivé comme bois de charpente ou de chauffage, ou on le débite pour en extraire des planches. Quand il est jeune il fournit des échalas, des carassons ou des treillages, des fagots à brûler et à deux liens, ou *faissonnats* et du charbon. Ses cônes trempés dans de la résine liquide servent à allumer le feu dans les foyers. Bien secs et sans avoir été ainsi préparés, ils fournissent un bon combustible. Dans les localités où les débouchés sont faciles, le pin, avant d'être gemmé, rapporte de 60 à 150 fr. par hectare. Le bois de pin qui a été résiné est moins poreux et d'une plus grande durée que celui que fournissent les arbres qui n'ont pas été gemmés.

La forêt résineuse de la Teste de Busch est la plus ancienne; elle a été donnée aux habitants de cette partie de la Guyenne en 1543 par Frédéric de Foix.

SAPIN PECTINÉ. Le *sapin commun* ou *pectiné* (abies pectinata) est très-répandu dans les montagnes des Pyrénées (fig. 57). Il y forme des forêts importantes et d'une grande valeur. Cette essence végète lentement mais uniformément; elle atteint de grandes dimensions jusque dans les régions élevées. Son bois est particulièrement recherché pour le travail et pour la fente.

PIN A CROCHET. — Le *pin à crochet* (pinus uncinata) couvre d'importantes surfaces dans les montagnes des Pyrénées. Il y produit des arbres droits, élancés et élevés.

Fig. 57. — Les sapins.

Son bois est roide et nerveux et très-propre au travail et à la fente.

Reboisements. — On a entrepris dans la région du sud-ouest, depuis 1861, d'importants travaux de reboisements. Ces travaux ont été principalement exécutés dans les départements de l'Ariége et des Hautes et Basses-Pyrénées. Les essences qu'on a adoptées de préférence sont le pin sylvestre, le pin à crochets, le pin noir, le mélèze, le châtaignier, le pin maritime, le chêne et le robinier.

Il existe des pépinières de reboisement à la Prayolle près de Foix, à Prades près Ax et aux environs de Vicdessos (Ariége).

Les travaux, exécutés par l'administration forestière, ont été précédés par les importants semis de pins et de chênes opérés à Cestas (Gironde) par M. Chambrelent, à Arrès (Gironde) par M. Javal et à Caudos par M. Émile Pereire.

La terre d'Arrès a une étendue de 2867 hectares. Les semis de pin maritime que M. Javal y a exécutés couvrent une surface de 1940 hectares, dont 1800 hectares d'un seul tenant. La lande a été préalablement desséchée à l'aide de fossés ayant en moyenne 1ᵐ,50 d'ouverture sur une longueur totale de 165 kilomètres. Les semis ont été faits à la pioche et sans défrichement. Tous ces travaux ont occasionné une dépense totale de 17 francs par hectare. Le premier éclaircissage a coûté 2 francs par hectare. Les frais du deuxième éclaircissage ont été compensés par la valeur des fagots, des échalas, des piquets de clôture et du charbon. Les pins avaient dix ans de végétation quand il a été exécuté. Le troisième éclaircissage pratiqué à quinze ans a donné un revenu net de 10 francs par hectare par la carbonisation.

Le domaine de Caudos a une étendue de 3251 hectares, dont 3000 hectares présentent de très-beaux pins maritimes.

CHAPITRE XXII.

LES LANDES, LES DUNES ET LE DOMAINE IMPÉRIAL.

Les Landes. — Les Landes, au milieu desquelles rien ne distrait l'œil attristé, où l'on respire un sable d'une finesse extrême et qui dessèche les poumons, couvrent 107 000 hectares dans le département de la Gironde et 234 000 hectares dans celui des Landes. Ce véritable désert commence à Lespar (Gironde) et cesse à Buglose, commune de Saint-Vincent-de-Paul, point éloigné de 141 kilomètres de Bordeaux; il est séparé des dunes par des étangs et il finit à Nérac. Son point culminant est à Gabarrat (Landes); il est situé à 147 mètres au-dessus de la mer. Son sol est composé de sable quartzeux à molécules mobiles et il repose de 0^m,50 à 1^m,50 de profondeur sur l'*alios* ou couche imperméable formée par du sable agglutiné par un ciment végétal. Les populations qui y vivent sont mal logées, mal vêtues et mal nourries. En outre, l'eau y est malsaine et à chaque pas y croupissent des eaux pluviales. En résumé, tout y est défectueux : le sol, l'air, l'eau et les hommes

Ce tableau dont les couleurs sont exactes, est appelé à disparaître. Un décret en date du 1er avril 1857 a ordonné la création de 465 kilomètres de routes agricoles. Ces voies de communication seront très-utiles à ces contrées presque déshéritées. Déjà on constate leur influence bienfaisante sur les points où elles existent en bon état. Ainsi, la lande a été défrichée, assainie, cultivée ou ensemencée en pins maritimes, des maisons ont été construites et la population n'a plus ce teint hâve et maladif qu'elle a toujours dans les parties où la lande est encore utilisée par les bêtes à laine.

Les dunes. — Les dunes ou montagnes de sable quartzeux blanc jaunâtre, sont situées sur le bord de l'Océan. Voici comment elles prennent naissance : Le sable fin transporté par les vagues reste souvent sur la plage. Alors, le soleil le dessèche et le vent met en mouvement ses molécules, c'est-à-dire les soulève, les pousse et les accumule le long de la côte sous forme de petites collines offrant une multitude de rides parallèles. Alors l'action combinée de la mer et du vent accroît ces monticules en arrière de telle sorte que le sable est sans cesse refoulé vers l'intérieur des terres où il ensevelit les plantations et quelquefois des villages entiers. Quoi qu'il en soit, les dunes encore nues s'élèvent, s'abaissent et se rapprochent suivant le caprice des vents.

On *arrête le sable, on l'empêche de marcher, on fixe les dunes* en y semant du pin maritime. Ce sont quatre Landais : les deux frères Desbiey, Caule et Darmentieu qui ont eu l'heureuse idée, en 1752, de fixer les dunes de Gascogne par des semis de pin, mais c'est l'ingénieur Brémontier qui, trente-cinq ans plus tard, mit en pratique cet ingénieux moyen. De 1787 à 1859, on avait fixé à l'aide de cette essence résineuse 47 664 hectares de dunes; la surface encore mobile ne dépassait pas alors 13 585 hectares.

Les dunes sont séparées les unes des autres par des vallons ou *ledes* ou *tets*. Ces vallons où la voix n'a pas d'écho, où tout a quelque chose de funèbre, présentent çà et là des fondrières ou *blouzes* couvertes de sable. On évite ces lieux dangereux en marchant toujours sur la crête des collines ou à mi-côte des élévations. Les chemins qui traversent les dunes sont désignés sous le nom de *garde-feux*.

C'est au sein des dunes qu'on rencontre les plus beaux pignadas ou bois de pins maritimes. Le *résinier* est l'ouvrier qui pratique les entailles ou *carres* d'où la résine perle goutte à goutte.

La dune la plus haute (60^m) est le truc de Peymaou.

Le domaine impérial des Landes. — L'Empereur

a acheté, en 1857, dans le département des Landes, 47 000 hectares de terres incultes. Cette immense surface est aujourd'hui productive. Depuis 1858, époque où furent exécutés les premiers travaux, on a ouvert 218 kilomètres de fossés d'assainissement, 95 kilomètres de routes et chemins d'exploitation et on y a établi 89 kilomètres de clôtures.

Les landes converties en terres labourables ont une étendue de 400 hectares. C'est sur ces terrains agricoles qu'ont été édifiées dix fermes (fig. 58 et 59) qu'on doit regarder comme d'excellents modèles de constructions rurales pour les landes de la Gascogne, 28 maisons de colons et 10 maisons d'artisans. C'est par le concours des fumiers, de la marne et du phosphate de chaux qu'on est parvenu à faire naître sur le sol sablonneux des landes de belles récoltes fourragères et céréales. Les fermes sont en régie et placées sous la surveillance d'un chef de culture. Elles ont de 40 à 50 hectares de terres labourables et 500 à 600 hectares de pins maritimes. Leurs bâtiments sont simples et bien disposés.

Le centre de ce vaste domaine agricole est à *Solférino*, village complet qu'une loi récente a érigé en commune. Ce village possède une église, un presbytère, une mairie et une école communale. Il comprend outre les cotages précités, 20 habitations occupées par des familles.

Chaque colon appartenant au domaine impérial jouit de 1 hect. 50 à 2 hectares de terre labourable; il possède une vache et un porc. Il deviendra propriétaire de sa maison, du jardin et du champ après dix années d'une bonne conduite non interrompue. Le loyer qu'il paye chaque année représente 3 pour 100 de la valeur des bâtiments. Un concours a lieu chaque année entre tous les colons et des primes en argent accompagnées de médailles sont décernées à ceux qui ont le mieux cultivé leur champ, qui ont arrangé leur jardin de la manière la mieux entendue, à ceux dont la demeure et le ménage offrent le témoignage du bonheur qu'ils trouvent à leur foyer.

Ces luttes ont excité le zèle des colons. Je félicite celui qui a présidé à leur organisation, et je fais des vœux pour

Fig. 58. — Une des fermes impériales des Landes.

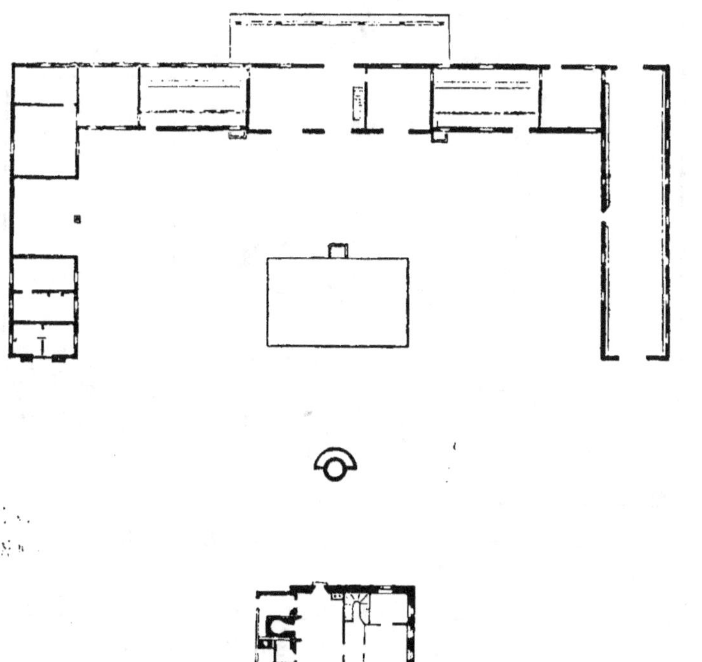

Fig. 59. — Plan d'une ferme impériale des Landes.

qu'elles fixent l'attention des agriculteurs qui ont des domaines exploités par de nombreux métayers.

Il existe à Solférino une usine pour la distillation des résines, une scierie à vapeur et un four à carboniser les bois. Ces établissements appartiennent à des particuliers, mais ils ont été édifiés sur des concessions faites par le domaine impérial dans le but de favoriser la fixation dans les landes d'un certain nombre de travailleurs agricoles.

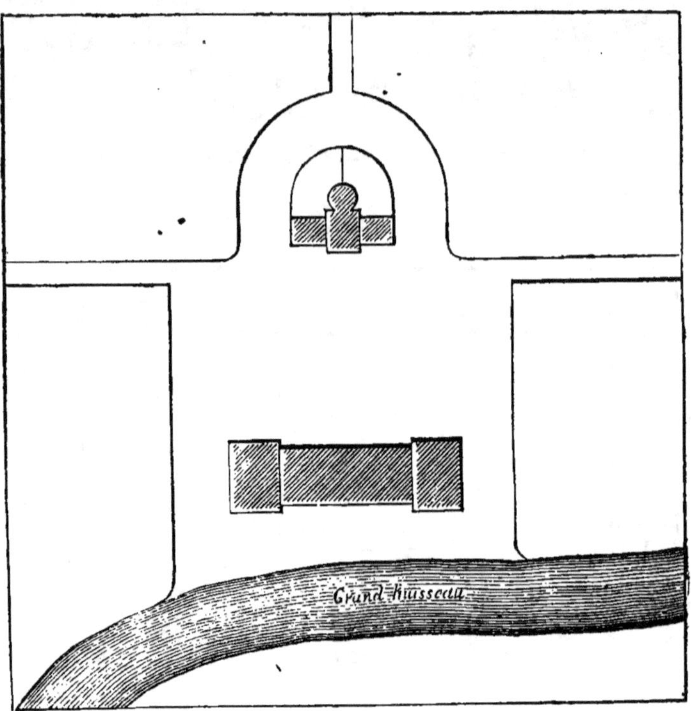

Fig. 60. — Plan d'une ferme du marais d'Orx.

Enfin, on y a planté ou semé des millions d'arbres, soit en massif, soit en bordures, soit par bandes : chênes-liéges, chênes rouvres, érables, etc., et des arbres résineux de toute espèce, sur une étendue qui n'a pas moins de 7000 hectares !

Tous ces beaux travaux, ces remarquables résultats, on les doit à la haute intelligence, aux connaissances variées

Fig. 61. — Une des fermes des marais d'Orx.

de M. Eugène Tisserant, directeur des établissements agricoles de la couronne.

C'est aussi sous son habile direction qu'ont été poursuivis avec succès le desséchement et la mise en culture des *marais d'Orx* (voir page 48). Ces marais ont été achetés par l'Empereur en 1858. On y a construit 27 kilo-

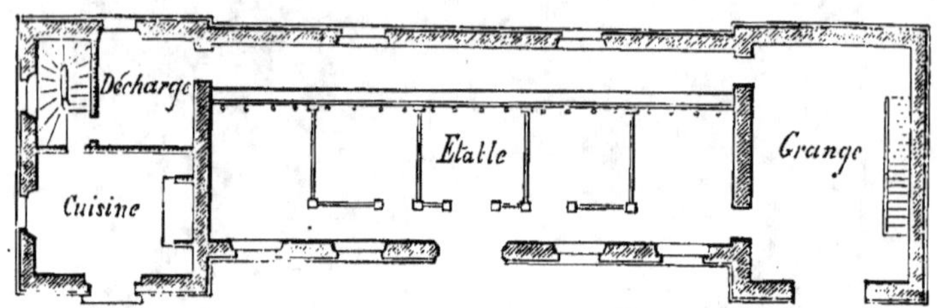

Fig. 62. — Détails du premier corps de bâtiment.

mètres de canaux de ceinture d'une largeur variant de 6 à 18 mètres et destinés à recevoir les eaux extérieures. Un magnifique canal de navigation auquel on a frayé un passage à travers les dunes aboutit au port de cap Breton; il reçoit les eaux du marais. Les parties asséchées sont traversées et reliées aux communes voisines par de belles routes empierrées. Ces voies de communication facilitent

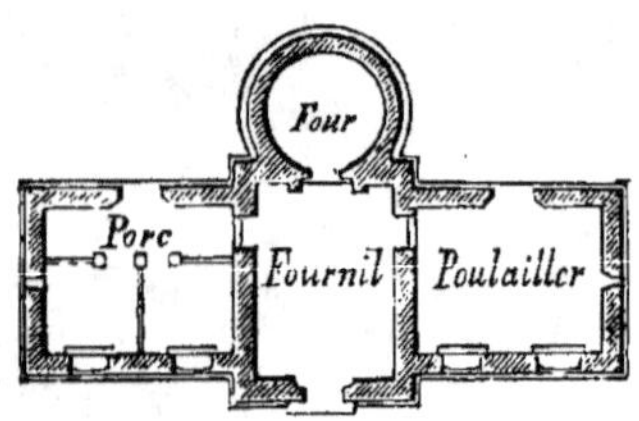

Fig. 63. — Détails du deuxième corps de bâtiment.

l'exploitation des terres qui appartiennent aux trente-deux fermes qui y ont été construites (fig. 61). Les 1200 hectares achetés par l'Empereur ne sont pas complétement assainis; mais avant peu d'années ce marais qui n'était pour les populations environnantes qu'un foyer de fièvres pernicieuses, ne sera plus qu'un immense tapis de verdure où s'engraisseront de nombreux animaux domestiques.

Chaque centre d'exploitation a de 25 à 30 hectares. Il a été confié à un métayer.

Toutes les fermes possèdent deux corps de bâtiment (fig. 60). Le premier renferme la maison d'habitation, l'étable et la grange (fig. 62); le second contient la porcherie et le fournil (fig. 63). Tous ces locaux sont simples, élégants et très-bien distribués.

Ces deux domaines sont appelés à exercer une heureuse influence sur l'avenir agricole du département des Landes.

CHAPITRE XXIII.

LES INSECTES NUISIBLES.

Les principaux insectes nuisibles à l'agriculture de la région du sud-ouest sont au nombre de onze, savoir :

L'*Eumolpe obscur* ou *négril* ou *babotte* (fig. 64). A l'état

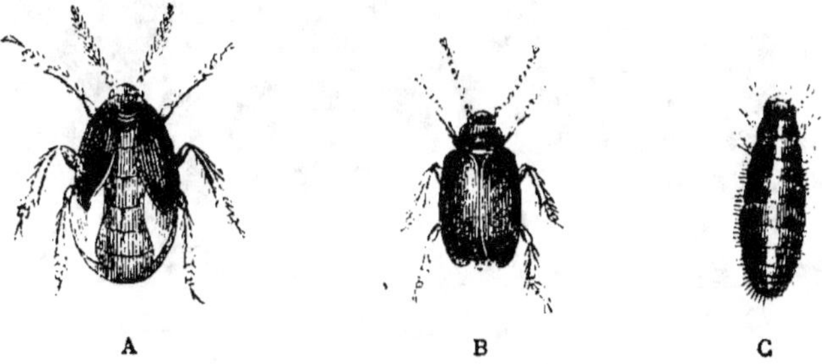

Fig. 64. — Eumolpe obscur ou négril.

parfait, cet insecte est ovale, noir brunâtre et pubescent. La femelle (A) est plus grosse que le mâle (B). La larve (C) qu'elle produit est d'un noir luisant, munie de six pattes et longue de 7 à 8 millimètres; elle éclôt à la fin du printemps et vit aux dépens des pousses de la luzerne. C'est principalement en juin et juillet qu'elle commet ses plus grands ravages.

On détruit aisément la larve du négril en employant l'appareil désigné dans la plaine de Toulouse sous le nom d'*échenilleuse Gommard*. C'est en utilisant cet appareil

Fig. 65. — Chenilles processionnaires.

qu'on parviendra à préserver complétement les secondes pousses de la luzerne.

La *sauterelle verte* commet parfois de grands dégâts dans la culture du tabac en mangeant les feuilles des jeunes plantes. On doit la ramasser avec soin aussitôt qu'on constate ses ravages.

Les *chenilles processionnaires* (fig. 65), bien connues des

jardiniers, causent de grands dégâts sur les pruniers, les
pommiers et les chênes. Il est très-utile d'écheniller lés

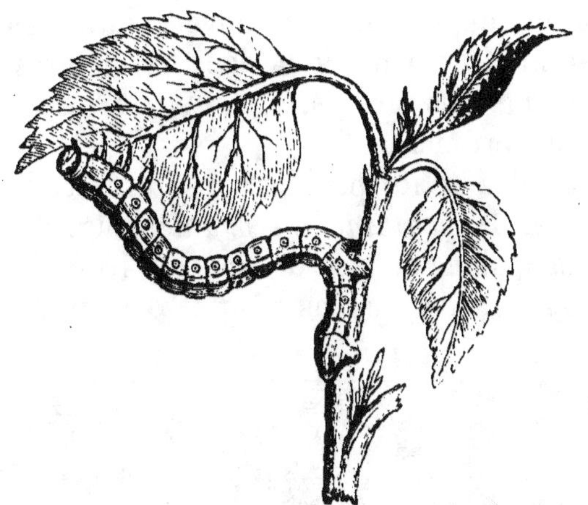

Fig. 66. — Chenille arpenteuse.

arbres où elles ont fait leur nid. Cette opération doit être
faite avant la fin de février. Les chenilles processionnaires

Fig. 67. — Penthine du prunier.

commettent aussi parfois de grands désastres dans les
pins du département des Landes.

Les feuilles des abricotiers qui ornent les coteaux de l'Agenais sont quelquefois en partie détruites par la *chenille arpenteuse* (fig. 66). Il est très-utile d'écheniller ces arbres à la fin de l'hiver. Ce moyen simple est le seul qu'on puisse mettre en pratique dans les cultures fruitières situées en dehors des jardins. Cet insecte s'attaque aussi aux feuilles du prunier.

Au nombre des petits papillons nocturnes, il faut surtout distinguer la *penthine du prunier* (fig. 67). Cet insecte vit principalement aux dépens du fruit du prunier. On ne connaît pas de moyens pour le détruire.

Fig. 68. — Chenille du sphinx de la vigne.

L'*attelabe* ou *lisette* ou *becmare* est un ennemi redoutable pour la vigne. Il est petit, rouge verdâtre et doré. C'est pendant le mois de mai qu'il s'attaque aux feuilles et aux bourgeons. Il se laisse tomber au moindre choc et c'est dans les feuilles qu'il a enroulées en forme de cornet qu'il dépose ses œufs. C'est en cueillant ces feuilles recoquillées et les brûlant aussitôt qu'on prévient sa multiplication. Les larves qui proviennent de l'éclosion des œufs vivent aux dépens des feuilles qui leur ont servi de berceau, mais lorsqu'elles se sont métamorphosées en nymphes et en insectes parfaits, elles s'attaquent de nouveau aux feuilles vertes de la vigne.

Le *gribouri* ou *écrivain* ou *eumolpe de la vigne* cause

aussi parfois de grands dommages dans les vignes de la
région (voir *Région du sud*).

Fig. 69. — Pissode tacheté.

La *chenille du sphinx de la vigne* (fig. 68) est parfois
assez commune dans les vignes des palus, mais les dé-

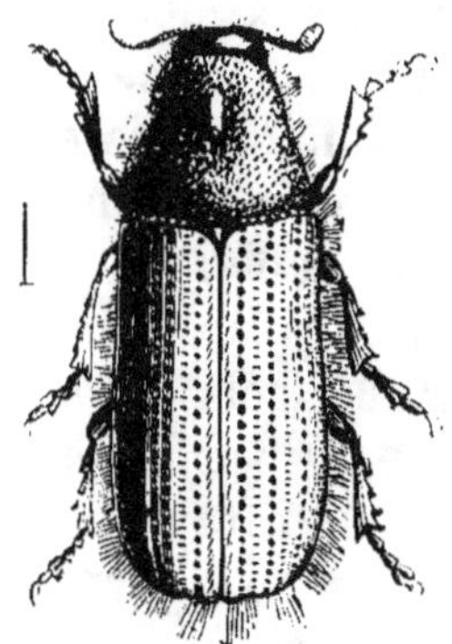

Fig. 70. — Hylésine du pin.

gâts qu'elle commet ne sont pas très-considérables. Cette
chenille est brun obscur finement strié de noir.

Le *pissode tacheté* (fig. 69) attaque aussi le pin maritime dans les landes de Bordeaux. Sa larve vit dans les racines des jeunes plantes; l'insecte parfait vit sur les pousses terminales.

L'*hylésine du pin* (fig. 70) est un petit insecte noir ou marron foncé; sa larve vit sous les écorces des pins, mais l'insecte qu'elle produit s'attaque aux feuilles des jeunes pousses de ces arbres résineux.

On ne connaît pas de moyens pour détruire le pissode et l'hylésine ou arrêter leurs ravages.

Enfin, les vignes de la Saintonge et du Bordelais sont parfois envahies par les *limaçons*. On détruit ces crustacés en les ramassant avec la main sur les carassons, les échalas ou sur les ceps.

CHAPITRE XXIV.

LES CULTURES HORTICOLES.

La culture des légumes est pratiquée très en grand dans les environs de Bordeaux, la plaine de Toulouse, aux environs de Gaillac (Tarn), Orthez (Basses-Pyrénées) et dans la vallée de la Garonne, mais elle ne donne pas lieu à des opérations commerciales aussi importantes que la production des fruits de table.

Les jardins légumiers qu'on nomme quelquefois *hortalisses*, sont situés sur des sols d'une grande fécondité et qu'on peut facilement arroser. Ces terrains sont loués souvent jusqu'à 800 et 900 francs l'hectare.

On y cultive très en grand les oignons, l'ail, les choux et les légumes secs. La culture du melon a une grande importance dans la vallée de l'Agoût (Tarn); les melons de Lautrec sont très-estimés (voir *Région du sud*).

Le cresson est cultivé aux environs de Bordeaux.

On exporte annuellement une grande quantité de fruits de Nérac, Condom et Vic-Fézensac (Gers), des abricots.

des cerises, des poires des coteaux de l'Agenais, etc., etc. Les pêches sont vendues de 30 à 50 francs, les prunes reine-Claude de 80 à 100 francs, les poires précoces ou blanquettes de 24 à 28 francs les 100 kilogr.

Le raisin le plus recherché pour la table est le *chasselas de Montauban* dont les grappes assez allongées portent des grains plus petits, mais plus fermes et plus ambrés que ceux du chasselas commun. Cette variété est répandue dans la vallée de la Garonne.

La culture de la *violette odorante* est très-répandue dans les environs de Toulouse. On en vend annuellement pour 70000 à 80000 fr. Les fleurs sont livrées par paquets de 100 à des prix très-variables, suivant le nombre des demandes. On l'expédie au loin avec succès en les plaçant et les fixant dans des cartons ou des caisses fermant hermétiquement. Ces fleurs sont recherchées pour leur douce odeur; elles constituent la majeure partie des bouquets que l'on voit à Toulouse dans toutes les fêtes hivernales.

CHAPITRE XXV.

LES CHAMPIGNONS ET LES TRUFFES.

Champignons. — On récolte chaque année des *champignons* en très-grand nombre dans la région du sud-ouest. Ces végétaux sont mangés à l'état frais ou vendus pour être desséchés ou conservés dans l'huile.

Le *bolet comestible* ou *cèpe*, *gyrole* ou *potiron* apparaît vers la fin de l'été ou au commencement de l'automne; sa chair est blanche et ferme. Bordeaux est le centre du commerce des cèpes qu'on récolte dans la Guyenne et le Périgord. On doit rejeter tous les bolets dont la chair divisée prend au bout d'une heure une nuance grise, bleue ou rougeâtre. On ne doit pas consommer les pédicules ou pieds des cèpes.

Ces champignons sont très-recherchés par les habitants des montagnes, depuis Pau jusqu'à Perpignan.

La *morille comestible* et les autres espèces ne sont pas vénéneuses. Les profondes alvéoles irrégulières qu'on observe sur leur chapeau permettent de les distinguer très-aisément des autres champignons. On les récolte au commencement du printemps. Celles qu'on veut conserver doivent être ramassées après la disparition de la rosée.

Truffes. — C'est dans le Périgord et aussi sur quelques points du Quercy qu'on récolte les *truffes* les plus parfumées et les plus recherchées. La *truffe noire* (fig. 71 et 72) est préférable, sous tous les rapports, à la truffe ayant

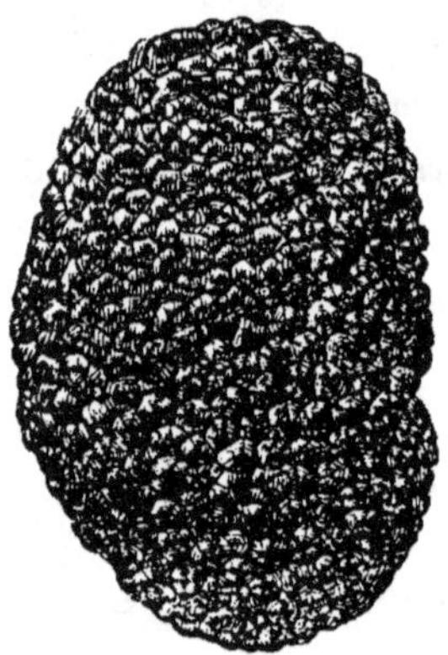

Fig. 71. Truffe noire.   Fig. 72. Coupe d'une truffe noire.

une chair blanche ou grise que les Saintongeois appellent *mourette, fayotte.*

La truffe croît dans la terre calcaire à une profondeur de 0^m,10 à 0^m,30 ; elle se développe principalement dans les clairières des bois de chêne ou *jarissades* et à l'ombre des chênes, des genévriers et des chênes verts. On la récolte au commencement de l'automne. Les *rabasteins* ou chercheurs, ou *caveurs de truffes* utilisent à cet effet l'odorat du porc (fig. 73). Quand une truffière a été révélée par l'animal on lui donne un léger coup de bâton sur le nez

Fig. 73. — Le chercheur ou caveur de truffes.

et on lui jette quelques châtaignes; alors on donne quelques coups de pioche pour avoir les tubercules.

Les truffes du Périgord qu'on récolte au commencement d'octobre avant leur parfaite maturité, sont blanchâtres ou marbrées et sans parfum; on les appelle *des fleurs*.

La grosseur des truffes varie depuis le volume de la noisette jusqu'à celle des belles pomme de terre. Les plus grosses viennent de Salignac (Dordogne) et les plus parfumées de Cressensac (Lot).

Les truffes de belle qualité se vendent suivant les années et les saisons, depuis 10 fr. jusqu'à 30 fr. le kilogr. On les conserve très-bien suivant le procédé Appert, soit dans des bouteilles, soit dans des boîtes de fer-blanc hermétiquement fermées.

On trouve aussi des truffes dans la Saintonge, mais elles sont moins estimées que celles qu'on récolte dans le département de la Dordogne.

CHAPITRE XXVI.

LES ASSOLEMENTS.

L'agriculture de la région du sud-ouest comprend trois systèmes différents de culture, savoir :

1° *L'agriculture des montagnes* qui est à la fois pastorale et granifère. Ses principales richesses sont : les pâturages, les prairies et les troupeaux.

2° *L'agriculture des coteaux et des plaines* qui est à la fois fourragère, granifère et arbustive fruitière. Dans les vallées où le sol est fertile, elle associe la culture des plantes industrielles : tabac, chanvre, sorgho, pastel, etc., soit à la culture de la vigne, soit à celle des céréales.

3° *L'agriculture des Landes* qui est principalement forestière et qui quelquefois spécule aussi sur l'éducation ou l'entretien des bêtes à laine.

Les assolements les plus répandus dans la région sont au nombre de deux :

1° L'*assolement biennal* qui comprend suivant les localités les soles suivantes :

1° Jachère. 2° Blé.	1° Maïs. 2° Blé.
1° Fourrages. 2° Blé.	1° Millet. 2° Seigle.

Ces successions biennales sont répandues dans les départements du Gers, du Tarn, du Lot-et-Garonne, des Landes, de la Gironde, de la Dordogne, du Tarn-et-Garonne et des Hautes et Basses-Pyrénées.

2° L'*assolement triennal* qui est composé des soles suivantes :

1° Jachère. 2° Blé. 3° Avoine.	1° Plantes racines. 2° Céréales. 3° Plantes fourragères.
1° Jachère. 2° Froment. 3° Maïs, haricots.	1° Pommes de terre. 2° Seigle. 3° Avoine.

Ces successions sont suivies dans l'Angoumois, l'Armagnac, la Chalosse et les montagnes du Périgord, etc., mais les surfaces sur lesquelles elles ont été adoptées ont une faible étendue.

Toutes choses égales d'ailleurs, si les successions de culture sont en général peu variées dans la région du sud-ouest partout où le sol est de bonne qualité et bien cultivé, on a renoncé presque complétement à la jachère morte ou improductive; en outre, sur un grand nombre d'exploitations on a reconnu la possibilité d'intercaler entre le maïs et le blé composant l'assolement biennal le plus répandu soit des vesces d'hiver, soit le trèfle incarnat ou farouche. Ces cultures intercalaires n'ont en aucune manière interverti l'ordre de succession des deux récoltées, et elles ont augmenté les ressources fourragères en faveur du bétail.

L'extension qu'on a donnée dans la région depuis trente ans à la culture du trèfle, de la luzerne ou du sainfoin, a permis à divers agriculteurs de renoncer ou à l'assolement biennal, ou à l'assolement triennal pour adopter une succession qui comprend cinq années. Ainsi, on a pu utiliser la jachère par des plantes sarclées, demander ensuite à la terre une récolte de céréale, y créer une prairie artificielle. biennale et terminer la rotation par une récolte de froment et une culture de maïs. Cet assolement quinquennal oblige l'agriculture à faire à la terre de plus grandes avances en engrais que la quantité de fumier que réclame par hectare et par an l'ancien assolement biennal.

Toutes ces successions de culture sont soutenues par des prairies naturelles ou des prairies artificielles créées à l'aide de la luzerne ou du sainfoin. Malheureusement, ces prairies sont encore trop peu étendues sur un grand nombre d'exploitations. Espérons que les agriculteurs des parties encore pauvres du Périgord, du Quercy, de la Saintonge, de l'Armagnac, reconnaîtront bientôt qu'ils se doivent à eux-mêmes, s'ils veulent augmenter les bénéfices qu'ils obtiennent annuellement, d'accorder la plus grande surface possible à la culture des plantes fourragères et de ne point oublier ce que M. de Lafage disait à Toulouse il y a bientôt un siècle : « Point de fourrages, pas de bestiaux. — Point de bestiaux, pas d'engrais. — Point d'engrais, pas de récoltes ! »

L'assolement biennal suivant : 1° maïs; 2° blé si répandu dans les départements du Gers, de la Haute-Garonne, de la Dordogne, etc., a été vivement critiqué. C'est bien à tort que cette succession a été regardée comme mal combinée. Le maïs bien cultivé appartient à la classe qui comprend les récoltes sarclées; il concourt indirectement par les binages et buttages qu'il exige à l'ameublissement et au nettoiement de la couche arable. Sans doute, il est exigeant et épuise la terre autant que le blé; mais

si la fumure qui le précède ou le suit est assez forte pour
satisfaire ses exigences et celles du blé, il est incontes-
table qu'il doit exercer une influence favorable sur la réussite de cette dernière céréale. Enfin, il suit plus heureusement que le blé une fumure appliquée dans une forte proportion (voir *Lauréats de la prime d'honneur*).

Dans le Périgord, on substitue souvent au trèfle incarnat qui précède le maïs et suit le blé dans l'assolement
triennal, une culture de navets et de raves.

Quoi qu'il en soit, les exploitations qui dans les cir-
constances ordinaires ont adopté l'assolement biennal ou
triennal sans jachère, entretiennent généralement par 10 à
12 hectares, soit une paire de bœufs ou 4 à 5 vaches, soit
25 à 30 bêtes à laine et 2 à 3 bêtes porcines.

CHAPITRE XXVII.

LES LAURÉATS DE LA PRIME D'HONNEUR.

Depuis 1857, dans chaque concours régional, une prime
d'honneur consistant en une coupe en argent d'une valeur
de 3000 fr. et une somme de 3000 francs, est décernée
à l'agriculteur dont l'exploitation est la mieux dirigée et
qui a réalisé les améliorations les plus utiles et les plus
propres à être offertes comme exemple.

Voici les noms et un exposé sommaire des travaux des
agriculteurs qui ont obtenu dans la région ces grandes ré-
compenses.

Ariége. — 1859. — C'est à M. d'Uzech, propriétaire
du domaine de Soulès, situé dans la commune de Saint-
Ybars, que fut décernée la prime d'honneur au concours de
Foix.

La terre de Soulès comprend 74 hectares de terre argilo-siliceuse reposant sur un tuf imperméable. Ces terres
ont été nivelées, drainées, défoncées et marnées; les par-

ties encore humides sont labourées en planches bombées. Les récoltes sont belles et propres. La vigne y est très-bien cultivée.

Les bâtiments sont simples, bien disposés et aérés. Le bétail est bien approprié à sa destination. M. d'Uzech spécule principalement sur l'engraissement des moutons.

Le jury a décerné une *médaille d'or grand module* à M. Combes, à Belesta pour ses remarquables *travaux de reboisement*. De 1848 à 1857, M. Combes a planté 42 000 mélèzes; 258 610 pins de toute espèce; 15 000 épicéas, 200 cèdres et 14 750 sujets d'essences feuillues.

1866. — La deuxième prime d'honneur offerte au département de l'Ariége a été décernée à M. Lefevre, directeur de la ferme-école de Royat.

L'exploitation de M. Lefevre comprend 81 hectares dont 57 hect. en terres labourables et 14 hect. en vignes. Le sol depuis 1849 a été débarrassé de ses cailloux, défoncé, drainé, marné et bien fumé. On y suit un assolement quadriennal ainsi combiné : 1re *année*, plantes sarclées avec 40 000 kilog. de fumier par hectare; 2e *année*, froment avec trèfle sur la moitié de la sole; 3e *année*, trèfle et fourrages annuels; 4e *année*, avoine et maïs. Un tiers des terres labourables est consacré annuellement aux prairies artificielles vivaces.

Les bâtiments sont parfaitement disposés. L'exploitation ne possède pas de bêtes à laine; elle spécule sur l'engraissement des bœufs, l'élevage et l'engraissement des porcs. Enfin, la comptabilité est tenue avec exactitude. Elle accuse un revenu net moyen et annuel de 10 818 fr. La terre qui a été achetée en 1849 100 000 francs rapportait alors 3500 francs. Les dépenses d'appropriation, l'achat des divers cheptels se sont élevés successivement à la somme de 50 000 francs.

La ferme de M. Lefevre, disait en 1849, M. Rendu, inspecteur général de l'agriculture, présente l'ensemble le plus complet de tous les perfectionnements qu'on peut souhaiter au département de l'Ariége. Aucune exploitation n'y est aussi bien administrée, aucune n'emploie un capital considérable produisant un intérêt aussi élevé; aucune n'a réalisé autant d'améliorations; aucune n'offre un modèle aussi achevé de cultures parfaites et de bétail nombreux et excellent; aucune n'a plus contribué au progrès agricole du pays.

Charente. — 1861. — La prime d'honneur de la Charente a été décernée à M. Thiac, propriétaire agriculteur à Puyréaux, près Mansle.

Le domaine de Puyréaux comprend 105 hectares dont quatre sont occupés par la vigne. M Thiac y a adopté un assolement de quatre ans combiné comme il suit : 1re *année*, plantes sarclées fumées; 2e *année*, froment; 3e *année*, fourrages annuels; 4e *année*, avoine. Une sole située en dehors de la rotation est occupée par des prairies artificielles. Toutes les récoltes sont propres et vigoureuses. Les 19 hectares de prairies naturelles et les plantes fourragères cultivées sur les terres arables assurent l'existence de 75 têtes de gros bétail. M. Thiac exploite à l'aide de maîtres-valets et de domestiques attachés à chaque service particulier.

Le jury a accordé des *médailles d'or* à M. Bontelleau pour la vacherie avec fromagerie qu'il possède aux Guéris; à M. de Gallard-Béarn à Rigaleau, pour ses travaux de drainage et pour les méthodes économiques qu'il a introduites dans la culture de la vigne sur une étendue de 66 hectares; à M. Durantière pour les défrichements qu'il a entrepris avec succès à Monchoix, sur 66 hectares de mauvaises bruyères; à M. Beyrand au Breuil pour ses importants travaux d'irrigation.

1868. — La deuxième prime d'honneur a été décernée à M. de Laborderie, à La Flayolle, près Confolens.

Le domaine exploité par M. de Laborderie a 58 hectares. Le terrain est granitique, et la couche arable argilosiliceuse. En 1860, son revenu ne dépassait pas 1550 fr. De nos jours, il s'élève à 7000 fr., soit à peu près 130 fr. par hectare.

Les prairies naturelles y ont une étendue de 22 hectares ; elles sont habilement arrosées.

L'assolement est quadriennal : première année, plantes sarclées ; deuxième année, froment d'hiver ; troisième année, trèfle et colza ; quatrième année, avoine. Le trèfle ne revient sur le même champ que tous les huit ans. Cet assolement et les prairies naturelles permettent de nourrir l'équivalent de quarante-quatre têtes de gros bétail.

Les bâtiments sont vastes, solidement construits et très-bien disposés.

Le jury a accordé une *grande médaille d'or* à MM. Du coux frères, à La Chapelle, pour la création et l'excellente tenue d'un grand vignoble ; à M. Beirand, au Breuil, pour ses prairies irriguées ; des *médailles d'or*, à M. Tabuteau, pour ses installations de chais et d'appareils de vignification ; à M. Monnereau, à Chillaux, pour ses terrassements et plantations de vignes ; à M. de Maret, à Menieu, pour ses prairies, qui sont parfaitement assainies et irriguées.

Enfin, le jury a demandé au ministre de l'agriculture, pour M. Cail, propriétaire des Plants, une *récompense hors concours*, pour le parfait état des cultures, le choix des animaux, l'emploi des machines, l'habileté de la direction de ce beau domaine.

Charente-Inférieure. — 1859. — C'est à M. Bonnemaison au Ramet près de Jonzac, que fut décernée la première prime d'honnneur du département de Charente-Inférieure.

L'exploitation du Ramet mérite d'être signalée pour ses machines agricoles, ses cultures et sa porcherie. Son sol est calcaire argileux, peu profond et il repose sur une craie assez tendre et perméable. M. Bonnemaison y a adoptée l'assolement quadriennal suivant : 1re *année*, plantes sarclées fortement fumées ; 2e *année*, blé ; 3e *année*, trèfle et fourrages annuels ; 4e *année*, avoine d'hiver ou blé d'automne.

Le jury a décerné une *médaille d'or* à M. Du Seutre à Cormes-Royal, près Saintes, pour sa culture perfectionnée de la vigne; à M. Monnerie à Muron, pour l'élevage des chevaux et des bêtes à cornes; à M. Ellie, à Saint-Hilaire-des-Bois, pour défrichement et mise en valeur de terres incultes.

1866. — La deuxième prime d'honneur de la Charente-Inférieure a été décernée à M. Bouscasse, directeur de la Ferme-École de Puilboreau.

Le domaine de Puilboreau comprend 49 hectares de terres arables, 15 hectares de prairies naturelles, 25 hectares de pâturages et marais situés sur le bord de la mer, et 9 hectares de vignes. Les terres labourables sont argilo-calcaires; les marais sont situés sur une alluvion marine, argileuse, tenace, imperméable et privée de pente. Les constructions y sont simples, économiques et très-bien entendues. Il y règne un ordre parfait et une grande propreté.

Les cultures sont belles et productives. Tous les blés sont semés en lignes. La vigne y est bien conduite. Le bétail est bien choisi et parfaitement entretenu, la comptabilité, est tenue en partie double avec une précision toute commerciale. Enfin : économie, ordre dans le travail, perfectionnement raisonné des méthodes culturales, heureuse alliance de la science et de la pratique; tous ces mérites, dit M. Guilbert, rapporteur, se trouvent réunis à Puilboreau, tout, ensemble et détail, peut servir d'exemple à tous les cultivateurs du département.

Le jury a accordé des *médailles d'or grand module* à M. le marquis de Dampierre, à Plassac, pour ses constructions rurales et la tenue d'un cheptel vivant exceptionnel; à M. Ellie, à Saint-Hilaire-des-Bois, pour la mise en valeur de mauvaises terres et la création d'un grand domaine productif; à M. du Seutre, à Maine-Dorin, pour son industrie viticole et ses installations de vignification et de distillation; des *médailles d'or* à M. le docteur Menudier, au Plaud, pour les méthodes et les instruments qu'il emploie dans la culture d'un vignoble très-bien tenu; à M. l'abbé Richard, à Saint-Génis, pour défrichement de landes, création de bois et exploitation d'un rucher ;

à M. Arnaud, à Surgères, pour le drainage de 59 hectares de terrains mouillés et presque infertiles.

Dordogne. — 1864. — La prime d'honneur de la Dordogne a été décernée à M. Durand, propriétaire du domaine de Corbiac, situé près de Bergerac.

Le domaine de Corbiac a une étendue de 130 hectares, dont 36 hect. en terres labourables, 40 hect. en vignes, 20 hect. en prés, 32 hect. en bois et 2 hect. en jardin, verger, etc. Son sol est silico-argileux avec sous-sol de roche et de tuf ferrugineux. Les terres argilo-calcaires, d'origine alluvionnelle et fertile, occupent une petite surface et sont situées dans la vallée de Codeau. Les bâtiments sont importants et bien disposés. Le séchoir à tabac, la scierie et le chais sont remarquables sous divers rapports. Le cheptel comprend l'équivalent de 57 têtes de gros bétail du poids normal de 400 kilogr., soit une tête de gros bétail par hectare de terres arables et prairies naturelles. L'assolement suivi est l'assolement quadriennal de Norfolk. Chaque année le tabac occupe deux hectares.

Le sol est très-bien façonné et fumé, et les récoltes fourragères, céréales et industrielles sont propres, régulières, vigoureuses et productives. Les prairies et les vignes sont très-bien tenues.

La comptabilité est régulière. Elle constate que le domaine avait en 1843 une valeur de 120 000 fr., que son prix de revient atteint aujourd'hui 205 000 fr. et que le revenu moyen annuel s'est élevé à 18 919 fr.

Le jury a accordé une *médaille d'or grand module*, à M. Bugeaud, à Juvénie, pour un semis de bois sur 65 hectares; des *médailles d'or*, à M. le baron du Clureau, à Clérant, pour ses cultures fourragères; à M. Huot de Suzanne, à Pressac, pour défrichement et mise en valeur de terres improductives; à M. le marquis de Malet, à Puycharnaud, pour la direction qu'il imprime aux cultures et aux procédés améliorés de ses métayers; à M. Pouzols de l'Ile, à Érignac, pour plantation de 18 hectares de vignes sur un coteau aride formé de roches calcaires; à

M. le vicomte de Segonzac, à Saint-Martin-le-Pin, pour ses bâtiments destinés aux hommes et aux animaux.

Gironde. — 1860. — C'est à M. Richier, à Ludon en Médoc, qu'a été décernée la première prime d'honneur de la Gironde.

Le domaine d'Agassac comprend 233 hectares, dont 33 hect. en terres labourables, 62 hect. en vignes, 26 hect. en prairies naturelles, 10 hect. en marais à sangsues et 102 hect. en marais proprement dits. Il a été acheté en 1853, 878 000 fr.; son revenu net s'élève aujourd'hui à plus de 52 000 fr.

Le sol occupé par les vignes est formé d'une grave rousse plus ou moins argileuse.

M. Richier a rectifié, agrandi ou reconstruit à neuf tous les bâtiments d'exploitation. Il a drainé une importante surface, colmaté une étendue de 80 hectares, marné les terres labourables et les marais asséchés, régénéré les prairies naturelles et amélioré les vignes. Sa propriété nourrit habituellement 12 chevaux, 80 animaux de l'espèce bovine. La vacherie renferme 40 têtes laitières. Enfin, les marais à sangsues sont une annexe lucrative de ce beau domaine.

Les vins qu'on récolte à Ludon sont colorés, mais ils sont moelleux et parfumés. On les classe parmi les *bons bourgeois*. Leur production annuelle atteint 200 tonneaux.

Le jury a accordé des *médailles d'or*, à M. de Séguineau de Lognac, à Portets, pour son bétail; à M. Montangon, à Landournerie, pour la beauté, la vigueur et le rendement de ses vignes; à M. Causse, à Sénéjac dans le Médoc, pour ses travaux de drainage et le bon emploi des engrais.

1867. — La deuxième prime d'honneur a été accordée à M. de Carayon-Latour, propriétaire du domaine de Virelade près de Podensac.

Ce domaine comprend des terres de graves et des terres d'alluvion ou palus. Son étendue totale est de 424 hectares, dont 38 hect. en vignes dans les graves, 36 hect. en vignes dans les palus, 38 hect. en terres labourables, 26 hect. en prairies naturelles, 6 hect. en oseraies et 245 hect. en bois. En 1852, époque où sa valeur vénale était de 533 000 fr., son revenu annuel ne dépassait pas 15 000 fr. En 1866, sa valeur totale s'élevait à 740 000 fr. et son revenu dépassait 41 000 fr.

Les bâtiments sont vastes et bien agencés. Le chais est heureusement disposé. Les maies et les pressoirs montés sur des roues en fonte, roulent sur un chemin de fer établi sur un plancher situé au-dessus des cuves et ils peuvent être inclinés à droite ou à gauche sur la cuve qu'on veut remplir. Lorsque les vendanges commencent « on laisse vide une des cuves des extrémités et on roule la maie en face de la seconde. On remplit ensuite la troisième, puis la quatrième et ainsi de suite par rang d'ordre. La deuxième cuve étant la première remplie, se trouve naturellement la première à soutirer ; on l'écoule dans la première cuve conservée vide au moyen d'un siphon pour la moitié et d'une pompe mobile placée sur le plancher pour le reste, puis on fonce cette cuve. On écoule la troisième dans la deuxième, devenue vide, et on la fonce. » C'est à la fin des vendanges qu'on fait l'écoulage définitif dans les barriques. S'il y a dix cuves pleines contenant chacune 40 barriques, on prend le dixième du contenu de chaque barrique dans chaque cuve. C'est en opérant ainsi que le vin est égalisé quant à sa qualité de la manière la plus parfaite.

Les vins blancs de Virelade acquièrent de la sécheresse, mais en vieillissant en bouteilles ils rivalisent avec les bons crus de Podensac.

L'outillage est complet, les cultures sont satisfaisantes et le bétail en bon état.

Le jury a accordé des *médailles d'or grand module*, à M. Régis, à Carignan, pour ses travaux de défoncement, d'assainissement et de nivellement de terrains difficiles, et la plantation et la tenue d'un très-beau vignoble ; à M. Seguineau de Lognac, à Portets, pour tenue de son vignoble, dressé en partie sur échalas injectés et fils de fer; à M. Supsol, à Langoiran, pour un vignoble régénéré et d'une tenue très-remarquable; à MM. Albert père et fils, à Moulis, pour des plantations considérables de vignes sur des terres qu'ils ont défrichées et des prairies créées dans les mêmes conditions avec des engrais fabriqués avec les végétaux fournis par la lande. Des *médailles d'or* à M. le comte de Bonneval, au château de la Lesne, pour assainissement de terrains marécageux, plantations de vignes dressées sur fil de fer et aménagements de constructions viticoles; à MM. Armand, père et fils, à Cadaujac, pour travaux de colmatage et d'irrigation; à M. Castillon-Duperron, à Cestas, pour mise en valeur d'une étendue considérable de landes.

Haute-Garonne. — 1861. — C'est à M. le comte d'Auberjon, propriétaire du domaine de Saint-Félix près Revel qu'a été décernée la première prime d'honneur.

Le jury a accordé des *médailles d'or*, à Mme V⁰ Viallet, au Blanc, pour sa bergerie dishley-mauchamp-mérinos-lauraguaise; à M. Niel, à Mauressac, pour son drainage; à M. Maury, à Villemur, pour ses défrichements.

1868. — La deuxième prime d'honneur de la Haute-Garonne a été décernée à M. H. de Sahuqué, propriétaire du domaine de Rangueuil, près Toulouse. Cette propriété comprend 90 hectares de terres labourables et 1 hect. 80 de prairies naturelles. Son sol est argilo-siliceux. Les céréales y occupent 42 hectares et les fourrages de toute espèce 48 hectares. Toutes ces cultures sont très-remarquables sous tous les rapports. Les animaux que M. de Sahuqué y entretient sont représentés par 84 têtes du poids moyen de 400 kilogr. En 1861, on y récoltait en moyenne 19 hectolitres de blé par hectare; aujourd'hui le produit de cette céréale a atteint 28 hectolitres. Enfin, en 1861, le revenu était de 9 461 fr. 70; en 1866, il s'est élevé à 28 539 fr.

Une exploitation, dit M. Bonnet, rapporteur, se développant avec ampleur, sans le précieux concours de la vigne, sans plantes industrielles, sans prairies naturelles, sans dépenses excessives, offre un exemple qui mérite d'être signalé dans une contrée où les céréales et les bestiaux sont les principaux produits agricoles.

Le jury a accordé des *médailles d'or grand module*, à M. Edouard de Capelle, à Nicé, pour la création et la bonne tenue de son vignoble; à M. Théron de Montaugé, à Toulouse, pour recherches et utilisation des eaux souterraines et leur emploi par les irrigations. Des *médailles d'or*, à M. le marquis d'Hautpoul, à Seyre, pour création, sur défrichement, d'une bonne métairie; à M. Abadie, à Beaumont-sur-Lèze, pour assainissement d'une partie en plaine et l'utilisation de la surface des anciens fossés au moyen du drainage.

Gers. — 1863. — La prime d'honneur du département du Gers a été décernée à Mme Ve Duffourc-Bazin et à M. Laffite Perron, son frère, continuateurs de l'œuvre de feu M. Duffourc-Bazin dans l'exploitation du domaine de Bazin, siége de la ferme-école du Gers.

La ferme de Bazin comprend 90 hectares. Les terres labourables sont soumises à l'assolement suivant : 1° plantes sarclées fumées; 2° vesce; 3° blé; 4° trèfle; 5° colza avec une demi-fumure; 6° blé; 7° et 8° sainfoin; 9° blé. Les terres sont labourées à 0^m,20 ; elles ont été défoncées jusqu'à 0^m,35. La plupart sont argilo-calcaires. Les récoltes sont propres et belles.

L'exploitation possède un troupeau de 400 brebis lauraguaises, quelques animaux appartenant à la race southdown, 10 bœufs, 2 juments et une mule. La porcherie est peuplée d'animaux de la race berkshire. La basse-cour comprend 400 poules du pays.

La vigne couvre 10 hectares. Les ceps occupent des lignes espacées les unes des autres de 1^m,50. Le verger a 50 ares d'étendue; il renferme des pruniers et des amandiers. Les pruniers plantés sur le domaine s'élèvent à 1200.

En 1848, époque à laquelle M. Dufourc-Bazin prit la

direction de ce domaine, la plupart des terres étaient en friche, le roc affleurait pour ainsi dire le sol et les bâtiments étaient en très-mauvais état (voir *Fermes - Ecoles*, page 219).

Le jury a accordé une *médaille d'or grand module*, à M. Alfred de Lavergne, à Pomiro, pour la plantation et la bonne tenue d'un vignoble sur une surface de 30 hectares; une *médaille d'or* à M. Fouraignau, à Arton, pour ses travaux bien entendus d'approfondissement du sol, au moyen d'enlèvement de rochers et de transports de terre.

Lot. — 1858. — C'est à M. Rolland, propriétaire du domaine d'Andressat, près Cajarc, que fut décernée la première prime d'honneur du département du Lot.

Le domaine d'Andressat possède 28 hectares de terres labourables, 3 hectares de vignes et 10 hectares de bois. Annuellement un tiers des terres arables est consacré à la culture des plantes fourragères fauchables, un tiers aux céréales et un tiers aux récoltes sarclées dont une partie est destinée à la nourriture du bétail. On entretient sur le domaine des bêtes bovines appartenant à la race d'Aubrac. Le troupeau est composé de bêtes provenant d'un croisement opéré entre la race mérinos et la race du Quercy.

La propriété qui a été achetée 73 000 fr. il y a trente ans, trouverait aujourd'hui un acquéreur pour 209 000 fr.

Le jury a accordé une *médaille d'or* à M. Guilhon, à Parnac, pour ses arbres fruitiers et son vignoble.

1865. — La deuxième prime d'honneur a été obtenue par M. Célarié, directeur de la ferme-école du Montat, près Cahors.

La propriété du Montat comprend 117 hectares divisés comme il suit : terres labourables, 35 hect. 50 ; prairies naturelles, 12 hect. ; vignes, 41 hect. 50 ; bois, 26 hect. 50 ; jardin et pépinière, 1 hect. 50.

L'assolement que M. Célarié y a adopté est biennal. Les cultures fourragères occupent un quart de l'étendue totale des terres labourables. La luzerne est en dehors de l'assolement. Les plantes sarclées comprennent le tabac, la

betterave, la pomme de terre et le maïs. Le blé qui suc
cède aux betteraves réussit très-bien. Toutes ces cultures
se distinguent par leur propreté et leur vigueur.

La vigne est cultivée d'une manière remarquable. Les
vins qu'elle y donne sont d'excellente qualité parce qu'ils
sont bien fabriqués et parfaitement soignés.

Le bétail a peu d'importance au Montat. On y spécule
principalement sur l'engraissement des bœufs et des moutons. Les porcelets qui y naissent sont très-appréciés dans
le pays. En résumé, l'exploitation du Montat fait le plus
grand honneur à M. Célarié ; elle a exercé la plus heureuse influence sur les progrès de l'agriculture du département (voir *Fermes-écoles*, p. 220).

Le jury a accordé une *médaille d'or grand module* à
M. Fouilhade, à Montvalent, pour ses travaux de drainage
et ses magnifiques récoltes fourragères.

Landes. — 1858. — C'est à M. Lobit, à la fois fer-
mier et propriétaire, à Betbezer, qu'a été décernée la première prime d'honneur du département des Landes.

Le domaine exploité par M. Lobit a une étendue totale
de 90 hectares ; il comprend la ferme de Bordes et les
terres de Joutan et de Bourdieu. Les 90 hectares se divisent de la manière suivante : terres labourables, 21 hectares ; vignes, 30 hectares ; prairies, 14 hectares et landes et
pâtures, 25 hectares. Les bâtiments sont bien tenus, mais
ils n'ont rien de remarquable. L'outillage est simple et
complet. L'assolement est biennal : 1re année, fourrages
divers ; 2e année, froment.

Le sol des trois exploitations est silico-argileux, froid et
peu profond. On le laboure en petits billons. Il repose sur
un grès ferrugineux et auquel on donne le nom de *bouc*
ou *marebouc*. Ce grès est moins dur mais plus imperméable que l'*alios*.

C'est par des engrais abondants fabriqués avec les
bruyères, l'ajonc, le genêt et coupés ou arrachés à l'état
vert et saupoudrés de poudre de chaux et ceux fournis par
les animaux domestiques que M. Lobit est parvenu à ac-

croître la fertilité des terres qu'il cultive et à récolter 25 hectolitres de blé par hectare. Chaque compost lui revient à 2 fr. le mètre cube.

La vigne est cultivée à Betbezer avec soin et suivant les meilleurs procédés en usage dans l'Armagnac.

Le jury a accordé une *médaille d'or* à M. le marquis de Dampierre, à Lussaignet, pour ses travaux de drainage.

1865. — La deuxième prime d'honneur du département des Landes a été décernée à M. le marquis de Dampierre, propriétaire de la terre du Mineur, commune de Lussaignet.

Le domaine du Mineur a une étendue totale de 425 hectares, mais M. de Dampierre n'a présenté au jury que la ferme principale d'une contenance de 100 hectares, la métairie du Caus qui a 45 hectares et celle de Bartoc qui comprend 33 hectares 50. Ces 178 hectares 50 se divisent comme il suit : terres labourables, 87 hectares 50 ; prairies naturelles, 19 hectares ; vignes, 24 hectares ; bois et landes, 46 hectares ; bâtiments et jardins, 2 hectares.

Le sol est accidenté et argileux ; il repose sur une argile calcaire, sauf dans les versants rapides peu éloignés de l'Adour où les cailloux sont rapprochés de la surface. Les terres ont été assainies par le drainage qui a été exécuté sur 85 hectares. Elles sont labourées en planches de 2 à 3 mètres de largeur. Outre les fumiers et les engrais commerciaux, on les fertilise à l'aide de la chaux, de la marne et du sable calcaire de Saint-Gein.

Les bâtiments sont remarquables. Le matériel est excellent et bien approprié à la nature du sol.

L'assolement est triennal et comprend les soles suivantes : 1re *année*, plantes fourragères ; 2e *année*, blé ; 3e *année*, maïs. Les raves sont semées sur les champs occupés par cette dernière céréale.

Le bétail est en très-bon état et bien choisi. Les bœufs et les vaches appartiennent à la race bazadaise pure ou croisée avec la race béarnaise ; les bêtes à laine à la race southdown et les bêtes porcines aux meilleures races anglaises.

Enfin, les vignes sont basses et cultivées à la charrue; leur produit est converti en eau-de-vie d'Armagnac.

La comptabilité qui est très-bien tenue indique que les 425 hectares qui composent la terre du Mineur avaient en 1849 une valeur vénale de 267 552 fr., et que M. de Dampierre y a dépensé pour l'améliorer 184 892 fr., soit une dépense totale de 452 444 fr. ou 1064 fr. par hectare. Cette propriété vaut aujourd'hui 627 500 fr. et le revenu annuel moyen s'élève à 47 000 fr. Ce remarquable résultat fait le plus grand honneur à la haute intelligence de M. le marquis de Dampierre.

Le jury a accordé une *médaille d'or* grand module à M. Maurique, à Biaudos, pour de magnifiques cultures établies sur ses landes.

Lot-et-Garonne. — 1863. — C'est à M. Charles de la Roque, propriétaire du domaine de Lasalle, commune de Buzet, qu'a été décernée la prime d'honneur du département du Lot-et-Garonne.

La propriété de Lasalle est située sur les collines qui séparent les vallées du Lot et de la Garonne. La ferme exploitée par M. de la Roque a une étendue de 75 hectares. Le sol est argilo-calcaire et il repose sur sous-sol imperméable. Le drainage y a été pratiqué sur une étendue de 33 hectares. Les eaux qu'il fournit et celles de trois sources servent à l'arrosage par reprise d'eau des prairies naturelles. L'assolement suivi est triennal ; il comprend deux soles successives de plantes fourragères et une sole de froment. Cette succession de culture est soutenue par une luzernière en dehors de la rotation. Toutes les récoltes sont propres et productives.

Les bâtiments sont simples, vastes et bien disposés. M. de la Roque spécule sur l'élevage et l'engraissement de la race bovine garonnaise, sur l'engraissement de l'espèce ovine, l'élevage de la race porcine berkshire croisée avec la race yorkshire et l'engraissement des dindons.

Les vignes occupent 19 hectares; elles sont très-bien tenues. Sur plusieurs points du domaine, chaque rang de vignes comprend deux lignes de ceps; il est séparé de son voisin par un intervalle de 1^m,20. Ces doubles lignes de vignes, au milieu desquelles végètent des pruniers, sont éloignées les unes des autres de 10 mètres.

La comptabilité est très-bien tenue. Les comptes de l'exercice de 1861 accusent un bénéfice net de 15 109 fr.

Basses-Pyrénées. — 1864. — C'est au général Jacobi, représenté par sa veuve, que la prime d'honneur du département des Basses-Pyrénées a été décernée.

Le domaine de Bilaa comprend 45 hectares de terres labourables soumises à un assolement de six ans ainsi conçu : 1° maïs fumé; 2° trèfle incarnat, raves et betteraves; 3° orge; 4° trèfle fumé en couverture; 5° blé; 6° pâturage. Les terres ont été marnées; elles sont bien façonnées et reçoivent le fumier de 46 têtes de bétail qui équivalent à 345 kilog. de chair vivante par hectare.

La comptabilité tenue en partie double démontre que le revenu net de cette exploitation s'est élevé de 2000 à 5000 francs.

Les bâtiments sont très-bien disposés. Les *touyas* ou landes ont disparu.

Le jury a accordé *une médaille d'or grand module*, à M. Lestapis, à Mont, pour l'agencement et la tenue de ses bâtiments, et une *médaille d'or*, à M. le comte de Barrante, à Picorie, pour la création d'un domaine productif sur des terres de landes.

Hautes - Pyrénées. — 1860. — La première prime d'honneur du département des Hautes-Pyrénées a été décernée à M. de Castelmore, à Labatut.

La terre de Labatut a une contenance de 250 hectares; elle comprend trois domaines; les terres sont argileuses sur les coteaux et argilo-siliceuses sur les plateaux; les vallées offrent des terrains d'alluvion. L'étendue drainée est de 25 hectares. Les bâtiments sont bien disposés; ils renferment 90 têtes de gros bétail. M. de Castelmore se livi avec un goût tout particulier à l'élève des chevaux anglais, arabe et de Tarbes. Les prairies sont arrosées et donnent annuellement deux et trois coupes. Les prairies situées sur les rives de l'Adour ont été conquises sur des bancs de sable et de gravier.

Cette belle propriété est le résultat du labeur de trois générations appartenant à la même famille !

Le jury a accordé des *médailles d'or* à M. Dauzat-Dambarrères, à Visens, près Lourdes, pour la création de 100 hectares de prairies naturelles sur les flancs d'une montagne ; à M. le marquis de Franclieu, à Lascazères, pour le drainage qu'il a fait exécuter sur 100 hectares.

1867. — Le deuxième prix d'honneur a été décerné à M. d'Agos, à Bazillac, près de Rabastens.

Le domaine de Fleurance, qu'exploite M. d'Agos, comprend 117 hectares, dont 50 hectares sont en prairies naturelles de nouvelle création et très-bien arrosées. Cette grande étendue fourragère permet de nourrir un nombreux bétail et de fabriquer annuellement tout le fumier exigé par les céréales et surtout le maïs. Le vignoble créé par M. d'Agos est très-remarquable. Il en est de même des bâtiments et des instruments aratoires.

La dérivation de l'Adour sur une longueur de 3 kilomètres, la création de prairies, la construction de vastes réservoirs, les nouvelles constructions, l'achat du matériel agricole, etc., ont engagé 49 700 fr. Cette dépense a élevé le prix de revient du domaine à 151 700 fr. En 1855, le revenu net de cette propriété ne dépassait pas 4300 fr.; il s'est élevé en 1866, à 14 932 fr.

Le jury a accordé une *médaille d'or grand module* à M. Armirail, à Houn-Bazado, pour la qualité et l'importance de ses bêtes à cornes; des *médailles d'or* à M. Dupré, à Uzac, pour le desséchement d'un marais et la création de prairies; à M. Laroquère, à Galès, pour la création de prairies irriguées; à M. Sidney de Meynart, à Orleix, pour son industrie séricicole ; à M. Lasserre, à Chesles-Debat, pour la création d'un important vignoble.

Tarn. — 1859. — C'est à M. Guibal, à la Barariée, qu'a été décernée la prime d'honneur du Tarn.

Le domaine exploité par M. Guibal s'étend sur 80 hectares. Le sol, qui est argileux et d'une grande ténacité après les sécheresses, repose sur une couche cimentée de cailloux roulés. M. Guibal s'est débarrassé d'abord des eaux nuisibles, en creusant de grands fossés d'écoulement et pratiquant le drainage. Puis, il a défoncé, ameubli ce sol rebelle par de puissants instruments. Alors, il a établi des irrigations en élevant les eaux à l'aide de machines ingénieuses et il a adopté un assolement judicieux.

Les bâtiments d'exploitation qu'on observe à la Bararié sont bien entendus et ils renferment un bétail en très-bon état.

En résumé, M. Guibal a attaqué le problème agricole du pays castrais par sa véritable base, en améliorant les moyens de travail et en songeant à remplacer les bras de l'homme par des instruments perfectionnés.

Le jury a accordé des *médailles d'or* à M. Carmouls, à Venès, pour ses travaux de drainage, à M. Pélissier-Dugrès, à Buelabs, pour les reboisements qu'il a exécutés, et à M. Neyral, à Boineson, pour son drainage et ses irrigations.

1866. — La deuxième prime d'honneur a été décernée à M. Olombel, à Bertalaï, près Mazamet.

Le domaine de Bertalaï comprend 72 hectares de terres. Après avoir assaini, par le drainage, une surface de 41 hectares, M. Olombel a créé 32 hectares de prairies naturelles qui sont arrosées par les eaux qui sortent des drains et celles du canal de Nogarède et des ruisseaux de l'Arnette et de l'Aupillon. Les terres labourables occupent 40 hectares; elles sont soumises à un assolement triennal soutenu par une sole de luzerne. La *première sole* comprend des pommes de terre; la *seconde*, le froment d'hiver, et la *troisième*, des plantes fourragères. Toutes ces cultures sont propres, vigoureuses et très-productives.

Les 50 hectares consacrés à la culture fourragère alimentent annuellement 84 bêtes à cornes appartenant à la race schwitz.

Le domaine de Bertalaï était affermé avant 1857, 4500 et 5000 francs. Le revenu net annuel s'est élevé depuis à 6000, 7000, 10 000, 12 000 et 15 000, et est arrivé en 1864 à 18 081 francs. Cette dernière somme, déduction faite de l'intérêt à 10 pour 100 des capitaux foncier et agricole, représente un produit net de 196 francs par hectare.

Le jury a accordé une *médaille d'or grand module* à M. Resseiguier, à Gandels, pour ses belles cultures fourragères et de céréales.

Tarn-et-Garonne. — 1862. — C'est M. Maurice Avy, à la Bastide-Saint-Pierre, qui a été le lauréat de la prime d'honneur du département du Tarn-et-Garonne.

Le domaine du Clau se compose de 78 hectares, dont 65 hectares en terres labourables. Tout le système cultural de cette exploitation repose sur la production fourragère : La luzerne occupe à elle seule une superficie de 16 hectares.

L'assolement est libre, en ce sens que la succession des récoltes n'est point soumise à un ordre invariable, mais les plantes fourragères ou sarclées alternent toujours avec les céréales ou les plantes industrielles. Sagement calculé sur les besoins réels de l'exploitation, l'outillage est composé de manière à assurer une bonne préparation du sol.

Le domaine entretient un haras de baudets, des animaux de trait, un troupeau de bêtes à laine et des porcs. Cet effectif représente environ une tête de gros bétail par hectare.

Une petite magnanerie a été installée dans les bâtiments de la ferme.

Tous les travaux de M. Maurice Avy se résument en un bénéfice annuel de 310 fr. 60 par hectare, déduction faite du fermage et de l'intérêt du capital d'exploitation.

CHAPITRE XXVIII.

LES ILLUSTRATIONS AGRICOLES DE LA RÉGION.

Brémontier. — Brémontier, ingénieur général des ponts et chaussées, naquit à Rouen en 1738. Ayant visité les dunes de la Guienne, et ayant constaté que les sables rejetés par l'Océan s'avanceraient un jour jusqu'à Bordeaux, il étudia leur nature et leur marche, et reconnut bientôt la possibilité de les arrêter ou de les fixer. Il commença ses premiers travaux en 1787, mais c'est en vain qu'il sollicita le concours du gouvernement. L'Empereur, appréciant toute l'utilité de ses tentatives, lui accorda en l'an IX une somme de 50 000 francs, crédit qui lui fut continué chaque année. En 1808, Brémontier avait déjà ensemencé 3700 hectares de dunes. Hélas, il mourut à Paris l'année suivante, sans avoir pu jouir des bienfaits de ses travaux, mais avec la douce consolation que les digues végétales qu'il avait opposées au sable marin, seraient utiles et aux navigateurs et à l'agriculture de la Guienne.

La reconnaissance publique ne l'a pas oublié. Elle lui a fait élever un monument au milieu même des dunes qu'il a boisées. Ce monument porte l'inscription suivante : « L'an 1787, sous les auspices de Louis XVI, M. Brémontier fixa le premier les dunes et les couvrit de forêts..»

Chassiron. — Le baron de Chassiron est né à la Rochelle (Charente-Inférieure) en novembre 1753. Il fut maître des requêtes et trésorier de la Rochelle. Arrêté comme suspect pendant la Révolution, il dut sa délivrance au dévouement da sa femme. Pendant le Tribunat auquel il appartint après le 18 brumaire, il réclama vivement des lois protectrices pour l'agriculture. Plus tard, il devint conseiller à la Cour des comptes.

De Chassiron a publié d'utiles observations sur les desséchements, la législation des cours d'eau, etc. Il est mort à Paris le 15 avril 1825.

La Quintinie. — De la Quintinie naquit à Chabanais (Charente) en 1626. Ayant été reçu avocat, il se chargea de l'éducation des fils de M. Tamboneau, président en la chambre des comptes. Le voyage qu'il fit en Italie avec son jeune élève lui permit d'étudier l'ordonnance des beaux jardins de Rome. De retour en France, il étudia toutes les branches de l'horticulture et de l'agriculture, et fit des voyages en Angleterre. Le roi Jacques II lui proposa une pension considérable s'il voulait se fixer à Londres, mais il préféra l'offre que lui faisait Louis XIV, d'abord de prendre la direction du potager royal de Saint-Cloud, et d'en créer un second à Versailles. Ce dernier jardin l'occupa pendant cinq ans et coûta 2 100 000 francs. Ce nouveau potager lui permit d'envoyer à la table du roi des asperges et de l'oseille nouvelle en décembre, des radis, des laitues et des champignons en janvier, des fraises au commencement d'avril, des petits pois en mai et des melons en juin. Outre le potager de Versailles, la Quintinie, directeur général des jardins à fruits et potagers des maisons royales, créa ceux de Chantilly, Rambouillet, etc. Son ouvrage intitulé : *Instructions pour les jardins*, est une œuvre remarquable.

La Quintinie, surnommé le *père des jardins*, est mort à Versailles en 1688. Quelques jours après son décès, Louis XIV dit à sa veuve : « Madame, nous venons de faire une perte que nous ne pourrons jamais réparer. »

Palissy. — Bernard de Palissy, né vers 1510 à la Capelle-Biron (Lot-et-Garonne), est mort à Paris en 1590. Il était potier émailleur. Ses travaux, si utiles à l'art céramique, n'ont pas été sans influence sur les progrès de l'agriculture française. Ses études sur les terres, ses judicieuses remarques sur l'utilité de la marne, etc., ont permis de le ranger à côté des agriculteurs les plus célèbres. On lui doit l'invention de la tarière avec laquelle on sonde le sol de Saintes.

Bernard de Palissy écrivit son livre parce qu'il était per
suadé qu'on pouvait facilement recueillir en France plus
de quatre millions de boisseaux de grains excédant la quantité récoltée chaque année. C'est dans ce remarquable ou·
vrage qu'il parle de la marne, du fumier et de la charrue,
dont la massiveté lui donner de l'humeur. Avec quel bon
sens, quelle justesse d'esprit il démontre, suivant son
style naïf et vrai : « Qu'il n'est nul art au monde auquel
« soit requis une plus grande philosophie que l'agriculture ! »
Ce livre perpétuera ses tentatives, ses rêves dorés et ses
souffrances, et il prouvera aux générations futures que le
fou arrêté par ordre de Henri III et qui mourut dans les
cabanons de la Bastille, était incontestablement un homme
de génie !

Bernard de Palissy avait pris pour devise cette maxime
toujours vraie : *Povrete empesche bons esprits de parvenir.*

Une statue lui a été élevée sur une des places publiques
de Saintes.

Réaumur. — Réaumur naquit à la Rochelle en 1683.
Ce savant naturaliste s'est illustré par son ouvrage en 12
volumes, ornés de 367 planches, ayant pour titre : *Mé-
moire pour servir à l'histoire des insectes.* C'est à lui qu'on
doit l'invention du thermomètre qui porte son nom, et
qu'on a remplacé de nos jours par le thermomètre centi-
grade.

Ses études sur les insectes, sur *l'art de faire éclore et
d'élever en toute saison des oiseaux domestiques de toutes
espèces,* ont été très-utiles à l'agriculture.

Réaumur est mort le 17 octobre 1757, d'une chute de
cheval qu'il avait faite à la terre de la Bermondière
(Sarthe).

Riquet. — Riquet, né à Beziers (Hérault) en 1604, est
mort à Toulouse le 1er octobre 1680. C'est à son génie
qu'on doit le magnifique canal du Languedoc, qui établit
une communication entre l'Océan et la Méditerranée.
L'édit qui autorisa la construction de cette belle voie fluviale parut en octobre 1666, et la première pierre fut po

sée au mois d'avril 1667. On commença à naviguer depuis Naurouse jusqu'à Toulouse au commencement de 1672, et tous les travaux furent terminés le 25 mai 1681, soit six mois après la mort de Riquet.

Une statue lui a été élevée en 1838 sur l'une des places publiques de Béziers.

Du Tillet. — Du Tillet naquit à Bordeaux vers 1731. Il fit de nombreux essais agronomiques pendant lesquels il fit preuve d'une patience admirable. Il a laissé d'intéressants mémoires sur les maladies des blés ; c'est à lui qu'on doit la description exacte des mœurs *d'un insecte* (l'alucite) *qui attaque les grains dans l'Angoumois*. Ce savant laborieux est mort en 1791.

CHAPITRE XXIX.

LES FERMES-ÉCOLES.

L'enseignement agricole comprend, en France, deux enseignements différents : les fermes-écoles, les écoles impériales.

La région du sud-ouest possède neuf fermes-écoles, situées dans les départements ci-après :

Ariége. La *ferme-école de Royat*, près Saverdun, a été créée le 28 juillet 1849, mais la présence d'un sous-directeur ayant donné lieu à des désordres, elle fut reconstituée sous la direction du propriétaire, M. Lefèvre, le 1er janvier 1851.

Le domaine de Royat contient 81 hectares d'un seul tenant ; les terres sont argilo-siliceuses, caillouteuses et alluvioneuses.

La culture embrasse la production des céréales : froment, avoine, orge et maïs, celle des fourrages nécessaires à l'alimentation du bétail et celle du colza.

Une pépinière entoure la ferme-école.

Le bétail se compose de bœufs, vaches, chevaux et porcs, représentant 407 kilogrammes de poids vif par hectare en culture. L'engraissement des bœufs, l'élevage et l'engraissement des porcs constituent les spéculations animales destinées à donner la plus grande valeur aux matières consommées en produisant une quantité considérable d'engrais.

Les élèves inscrits sur le registre matricule de l'école s'élèvent à 164, dont les quatre cinquièmes ont été placés à titre de régisseurs, contre-maîtres et jardiniers dans de grandes exploitations appartenant à la région.

Le nombre réglementaire des apprentis est de 15 par année d'étude, soit 45 pour les trois années. Le recrutement se fait facilement : les candidats aux concours d'admission étant trois fois plus considérables que les places à donner.

Le personnel enseignant comprend : le directeur chargé du cours d'agriculture, un chef pratique, un jardinier chef, un viticulteur venu de la Gironde, le vétérinaire de l'arrondissement, un surveillant comptable et un aumônier.

L'établissement comprend de vastes bâtiments appropriés à leur destination ; il s'est toujours maintenu dans une bonne voie et s'est imposé la mission de mettre les apprentis à même de propager les bons principes et les exemples qu'ils ont sous les yeux pendant leur séjour à Royat.

M. Lefèvre a obtenu la prime d'arrondissement de Royat, la prime du département de l'Ariége et la prime d'honneur Son bétail lui a valu 49 prix dans les concours régionaux et généraux (voir *Lauréats de la prime d'honneur*).

Charente-Inférieure. — La *ferme-école de Puilboreau*, près la Rochelle, a été créée le 24 mars 1849 ; elle est habilement dirigée par M. Bouscasse, lauréat de la prime d'honneur de la Charente-Inférieure (voir *Lauréats de la prime d'honneur*).

L'étendue des terres est de 98 hectares dont 50 hectares en terres labourables, 24 hectares en prairies (marais des bords de la mer), 19 hectares en vignes et 4 hectares en bois. L'exploitation entretient annuellement 7 juments de trait, 2 juments poulinières, 8 bœufs de travail, 15 anciens de la race durham pure, 9 à 10 bêtes porcines de la race berkshire blanche.

Le nombre des élèves inscrits sur le registre matricule de l'école est de 197. Le nombre moyen d'élèves présents chaque année est de 25 à 30.

Le personnel de l'école est composé du directeur-propriétaire de la ferme et ancien élève de Grignon, d'un surveillant comptable, d'un chef de pratique, d'un jardinier-pépiniériste, d'un vétérinaire. Un aumônier et un pasteur du culte réformé viennent faire chaque semaine des conférences religieuses.

Dordogne. — La *ferme-école de Lavallade*, près Brantôme, a été organisée le 12 mai 1837. La propriété sur laquelle elle existe appartient à M. de Lentilhac, son directeur; elle comprend 145 hectares, dont 30 sont en terres labourables; le reste est en bois ou en pâturages impropres à la culture.

Le sol est très-varié; il est argilo-siliceux sur les coteaux, calcaire sur le plateau et silico-argileux dans la plaine.

Agencement des bâtiments, extraction de rochers, création de chemins ruraux, drainage, semis de chênes et de conifères, plantation d'un vignoble important, de mûriers, de noyers, etc., etc., telles sont les améliorations entreprises par M. de Lentilhac sur la terre de Lavallade. Une fabrique d'instruments aratoires a été annexée à la ferme-école.

De 1850 à 1865, il est sorti 100 apprentis diplômés sur 262 qui ont été admis. 16 grands prix ont été décernés aux élèves les plus dignes. Les anciens élèves sont cultivateurs, régisseurs, chefs de culture ou comptables.

L'école compte annuellement 35 à 39 apprentis dont le temps d'étude est de 3 ans au moins et de 4 ans au plus.

Le personnel enseignant se compose de M. E. de Lentilhac, directeur, d'un surveillant comptable, d'un pépiniériste, d'un chef de pratique culturale, d'un vétérinaire et d'un aumônier.

Gers. — La *ferme-école de Bazin* est située à 6 kilomètres de Lectoure sur un plateau élevé à pentes douces.

L'étendue totale des terres est de 90 hectares, dont 10 hectares en vignes, 71 hectares en terres labourables, 6 hectares en bois, 1 hectare en prairies naturelles et 2 hectares en potagers et pépinières.

Le sol est calcaire, argileux et argilo-calcaire.

L'exploitation a obtenu, en 1863, la prime d'honneur du Gers; son bénéfice net annuel varie entre 15000 et 18000 fr.

La ferme-école a été fondée en 1848, sous la direction de M. Duffourc-Bazin, docteur en médecine.

Le nombre des élèves inscrits sur le registre matricule est de 207. Le nombre d'apprentis par année d'études est de 10, et le nombre moyen des élèves présents par année à l'école est de 9. 150 élèves apprentis sont sortis avec leur certificat d'apprentissage. Voici, en résumé, ce que sont devenus ces jeunes gens: régisseurs 51, propriétaires-cultivateurs 24, jardiniers 14, commis de ferme 10, chefs de travaux pratiques 7, jardiniers-chefs 4, comptables 3, chef irrigateur 1, berger 1, élèves d'écoles impériales 2, élèves de l'école d'irrigation du Lézardeau 3, employés en dehors de l'agriculture 10.

Le personnel enseignant se compose de M. Duffourc-Bazin fils, ancien élève de l'école impériale de Grand-Jouan, directeur, d'un aumônier, d'un comptable, d'un chef pratique, d'un jardinier chef très-habile, M. A. Dumas, d'un vétérinaire et d'un berger chef.

Landes. — La *ferme-école de Beyrie*, près Mugron, ou au centre de la Chalosse, a été instituée en 1849. Son directeur, M. A. du Peyrat, est propriétaire du domaine où elle existe.

Cet établissement comprend 100 hectares, dont 30 hectares en terres labourables, 7 hectares en prairies naturelles et pâtures, 20 hectares en vignes, 3 hectares en verger, jardin potager et pépinières, et 31 hectares en bois, jardins d'agréments, bâtiments, etc.

Le sol est argileux et argilo-calcaire sur quelques points du domaine. Il existe plusieurs marnières à fleur du sol.

Les 39 hectares en terres labourables sont divisés comme il suit :

1re *année.* — Racines, tubercules, choux branchus, tabac avec 60 000 à 80 000 kilogrammes de fumier par hectares.

2e *année.* — Vesces, pois, demi-jachère d'été.

3e *année.* — Froment d'hiver.

4e *année.* — Trèfle rouge.

5e *année.* — Maïs et surgho sucré, avec 30 000 kilogrammes de fumier.

6e *année.* — Avoine d'hiver.

La luzerne occupe annuellement environ 2 hectares.

Les travaux de la culture sont exécutés par des bœufs et quelquefois des mules. Le bétail, du reste, se compose de vaches laitières, de bêtes à laine, de bœufs d'élevage ou d'engrais et de bêtes porcines.

Le nombre d'élèves inscrits sur le registre matricule s'élève à 237. Le nombre moyen des élèves présents à l'école est de 20. La rareté toujours croissante de la main-d'œuvre dans le département des Landes, rend le recrutement des élèves de plus en plus difficile.

Le personnel de l'école se compose du directeur, de M. du Peyrat fils, sous-directeur, d'un surveillant comptable, d'un chef pratique, d'un chef jardinier et d'un vétérinaire.

Lot. — La *ferme-école de Montat,* près Cahors, a été créée au mois d'octobre 1849. Elle est dirigée par M. Célarié, lauréat de la prime d'honneur du Lot en 1864 et chevalier de la Légion d'honneur (voir *Lauréats des primes d'honneur*).

Le domaine de Montat, sur lequel existe cette école, comprend 117 hectares, divisés comme il suit :

Terres labourables 35 hectares 50, prairies 12 hectares,

vignes 41 hectares 50, bois 26 hectares 50, jardin et pépinières 1 hectare 50.

Les terres sont argilo-calcaires ou silico-calcaires. Elles sont le plus souvent couvertes de cailloux. Elles appartiennent au terrain jurassique.

Le système suivi au Montat est biennal. La betterave est la plante sarclée qui y donne les meilleurs produits et celle qui résiste le mieux à la sécheresse. Son rendement s'est élevé, en 1867, à 55000 kilogrammes par hectare.

La vigne y a une grande importance. Ses produits donnent à M. Célarié des bénéfices importants.

L'exploitation engraisse annuellement 15 à 20 bœufs et 80 à 100 moutons. La porcherie y est aussi une branche lucrative.

Le registre matricule comprend·les noms de 178 apprentis, qui ont quitté l'école après avoir obtenu leur certificat d'aptitude. Voici de quelle manière on peut les classer : Appartenant à l'enseignement agricole 5, propriétaires-cultivateurs 83, fermiers 11, vétérinaire 1, régisseurs 23, jardiniers 8, instituteurs ou employés 30, à l'armée 6, décédés depuis leur sortie 11.

Le nombre des élèves présents annuellement à l'école est de 36 répartis en trois années d'étude. Le recrutement s'est fait jusqu'ici très-facilement. Chaque année divers élèves prennent part avec succès au concours de labourage organisé par la Société d'agriculture du Lot.

Le personnel enseignant se compose d'un directeur, d'un sous-directeur, d'un surveillant comptable, d'un chef de pratique, d'un chef d'attelage, d'un maître jardinier et d'un vétérinaire.

Basses-Pyrénées. — La *ferme-école des Basses-Pyrénées* est située à Tolou, commune de Gan. Elle est dirigée par M. Guillemain, son propriétaire.

Le domaine sur lequel elle a été créée, le 29 octobre 1849, à une contenance de 98 hectares. Le sol arable est argilo-siliceux ou silico-argileux sur les hauteurs et alluvionnaire dans les parties basses ; il repose sur un sous-sol d'argile et de cailloux roulés, situés sur un banc marneux peu perméable.

La durée de l'enseignement est de trois années. L'école reçoit annullement dix à douze élèves.

Hautes-Pyrénées. — La *ferme-école des Hautes-Pyrénées* a été créée le 18 janvier 1849. Elle est située à Visens, commune de Lourdes.

La propriété où elle existe comprend des plaines, des cotaux et des montagnes. Sa contenance est de 240 hectares. Le sol est très-varié : il est sablonneux, argileux, schisteux et marneux. Une prise d'eau sur le lac de Lourdes a permis d'établir des irrigations très-intéressantes.

La durée des études est de trois années. On y admet chaque année douze apprentis.

M. Daubat-Dembarrère en est le propriétaire et le diréeteur.

Tarn. — La *ferme-école de Mandoul* a été fondée en novembre 1849, mais les premiers élèves n'y sont entrés que le 25 février de l'année suivante. Elle est dirigée par M. Henri de France.

L'étendue du domaine exploitée par les élèves est de 91 hectares, savoir : terres labourables 68 hect., prairies naturelles 5 hect. 60, vignes 4 hect. 60, bois 6 hect., jardins pépinières 3 hect., bâtiments, cours, pâture 3 hect. 40.

Le sol est argilo-calcaire et silico-calcaire ; il repose sur des marnes et des rochers qui sont quelquefois à fleur de terre.

La culture dominante est celle des céréales avec récoltes sarclées et fourrages artificiels. La luzerne occupe annuellement de 3 à 4 hectares.

Les spéculations animales adoptées à Mandoul sont la production des veaux, l'élevage des chevaux, la production et l'engraissement des porcs. Le cheptel se compose de 12 bœufs de travail, 2 taureaux, 12 vaches, 6 veaux de divers âges, 3 juments poulinières, 6 poulains et pouliches, 3 chevaux de service et 31 bêtes porcines.

Depuis la fondation de l'école, 136 élèves en sont sortis après avoir terminé leurs études. Sur ce nombre 65 sont agriculteurs, régisseurs, chefs de travaux, jardiniers et laboureurs, 30 sont au service, 10 sont employés dans les chemins de fer et 15 occupent des positions étrangères à l'agriculture.

Le nombre des élèves présents à l'école varie de 20 à 30. Depuis quelques années les prix de la main-d'œuvre ayant augmenté et les bras étant devenus plus rares, les candidats ont été moins nombreux.

Le personnel enseignant comprend le directeur, un sous-directeur, un surveillant comptable chargé de l'instruction primaire, d'un chef de pratique, d'un jardinier chef, d'un bouvier, spécialement chargé du soin de l'étable et d'un charretier chargé du soin de l'écurie et de la plupart des transports extérieurs.

CHAPITRE XXX.

LES OSERAIES OU VIMIÈRES.

La culture de l'*osier* ou *vime* occupe de grandes surfaces sur les rives de la Garonne et de la Dordogne, dans les départements de la Gironde, du Lot-et-Garonne et de la Dordogne.

Les espèces ou variétés les plus répandues sont au nombre de trois, savoir :

1° L'OSIER BLOND OU VIME BRULE (*salix vimealis*), qui est vigoureux et donne annuellement des pousses fortes et longues;

2° L'OSIER ROUGE OU VIME GUIT (*salix rubra*), qui est plus faible que l'osier jaune;

3° L'OSIER JAUNE OU VIME A BARRIQUE (*salix vitellina*), qui est jaune l'été et orangé pendant l'hiver.

Le premier est rustique, peu délicat; ses jets servent à

fabriquer de la vannerie commune ou à lier les cercles des cuves et des grosses barriques. Le second est tardif, mais les brins qu'il fournit sont plus fins; on l'utilise dans la tonnellerie et la vannerie fines. Le troisième est employé aux mêmes usages; toutefois, comme son bois est blanc, il sert souvent à confectionner des corbeilles et des paniers de luxe. Ses pousses sont longues et flexibles.

Les osiers demandent des terrains d'alluvion, des sols silico-argileux, fertiles et frais. On les propage à l'aide de boutures ou plançons appelés *civelets*, *civels*, *côtes*. Ces boutures doivent avoir 0^m.50 de longueur. On les plante en hiver ou au commencement du printemps, sur des terres défoncées et ameublies. On les enfonce de manière que leur tête excède la surface du sol de 0^m.16 à 0^m.20 et on les espace en tous sens de 0^m.75 à 1^m. On bine le sol à diverses reprises pendant la première et la seconde année, dans le but de maintenir le sol meuble et d'y détruire le *liseron*, plante envahissante très-nuisible aux osiers.

C'est à la troisième année qu'on commence la récolte. On coupe toutes les pousses avec la serpette, en rasant pour ainsi dire la souche. Avec le temps, chaque pied présente une tête, qui augmente de volume d'année en année. Tous les ans, il faut rabattre les chicots et les pousses mortes et remplacer les pieds qui ont été détruits.

C'est pendant l'hiver qu'on fait cette récolte.

Les brins, après avoir été coupés, sont ensuite séparés en trois catégories : les brins longs et forts forment la *vime de cuve*; les pousses moyennes, la *vime de barrique*, et les brins les plus fins la *vime de commande*.

Quelquefois, on divise les pousses les plus longues en trois parties appelées *quartelles*.

Les brins très-forts et ceux de moyenne grosseur sont presque toujours refendus en trois à l'aide d'un outil particulier. Tous ces brins sont ensuite mis en bottes plus ou moins grosses, selon le diamètre des brins et les localités.

On ne coupe qu'en mars ou avril les osiers qui doivent être pelés ou blanchis.

On conserve à la vime sa flexibilité, sa souplesse en plongeant la base des bottes dans l'eau.

Le vigneron du Bordelais reçoit toujours du propriétaire pour lequel il travaille de l'osier fendu. C'est avec ce lien qu'il attache la vigne aux lattes et aux carassons.

Ce sont généralement les femmes qui, dans le Médoc, sont chargées du liage de la vigne; elles opèrent vite et bien.

Un hectare de vime bien conduit donne annuellement de quatre à cinq cents bottes ayant environ un mètre de circonférence.

La *chrysomèle du peuplier* nuit souvent à la production des vimes.

La vime brule est la plus estimée, parce qu'elle est très-flexible et qu'elle ne casse pas. La vime jaune est aussi très-bonne, mais elle est un peu moins souple. La vime rouge est la plus cassante; on l'emploie dans les vignobles sans la fendre. Cette espèce est très-rustique.

CHAPITRE XXXI.

LES MARAIS A SANGSUES.

Il existe dans le département de la Gironde un très-grand nombre de *marais à sangsues*, c'est-à-dire de maré-cages qui ne dessèchent jamais et dans lesquels on multi-plie avec succès la sangsue. (Voir *Primes d'honneur*, p. 201.)

Ces réservoirs reposent sur un fond de terre douce ou tourbeux et sont alimentés par des sources intarissables; ils ont en moyenne 0^m.75 de profondeur.

La *sangsue officinale* a le corps d'un vert noirâtre et le dos marqué par six bandes longitudinales de couleur fer-

rugineuse *maculée de points noirs.* Cette espèce est désignée dans le commerce sous le nom de *sangsue verte;* elle
est très-grosse et commune dans la région.

La *sangsue médicinale* est plus petite et d'un gris oli-
vâtre. Son dos est aussi marqué de six bandes longitudinales; mais ces raies, d'un ferrugineux un peu clair, présentent des *taches noires triangulaires.* Cette espèce est
peu répandue dans les parties tempérées de la France.

La sangsue se multiplie un peu comme le ver à soie.
Ainsi, elle dépose son cocon, qui est d'un blanc grisâtre,
dans des galeries souterraines qu'elle creuse dans les parties toujours humides. C'est dans le courant de l'été que
les jeunes sangsues sortent des cocons, et c'est lorsqu'elles
ont trois années d'existence qu'on les livre ordinairement
au commerce.

Les sangsues vivent ordinairement de têtards, de gre-
nouilles, de salamandres, etc.; mais lorsqu'on veut les avoir
belles, on est obligé d'introduire dans les marais où elles
existent de gros animaux : des chevaux, des ânes ou des
vaches ayant peu de valeur, dont elles sucent le sang en
se fixant à leurs jambes. Ces animaux ne tardent pas à
périr au milieu même des marais, épuisés par ce régime
barbare, que réprouvent la morale et l'humanité.

Dans les marais bien dirigés, on nourrit les sangsues
avec le sang des animaux qu'on abat dans les chantiers
d'équarrissage ou dans les abattoirs. Ce sang, après avoir
été agité par le battage, afin qu'il ne se prenne pas en
caillots, est renfermé dans de petits sacs de flanelle. Les
sacs qu'on a ainsi remplis sont fixés à des bouts de planches suffisamment larges et épais pour qu'ils puissent se
maintenir à la surface de l'eau. Les sangsues ne tardent
pas à venir sucer le sang que contiennent les sacs.

C'est principalement au printemps, moment de l'année
où les sangsues ne sont plus engourdies par les froids, où
elles circulent dans les marais, où les animaux aquatiques
sont peu nombreux, qu'il faut songer à les alimenter tous
les trois à quatre jours. On supprime toute distribution

de nourriture au mois de juin, époque de la production des cocons.

On pêche les sangsues avec un filet en agitant l'eau d'une manière pour ainsi dire continue, dans le but de les attirer sur un point du marais. On les transporte dans des vases remplis d'eau et couverts avec une toile ou dans des tonneaux remplis de terre limoneuse douce bien humide.

La sangsue s'enfonce en terre vers la fin de l'automne pour y passer l'hiver et résister au froid.

Mille sangsues dites *vaches* pèsent en moyenne 4 kil. 500 gr.; les *grosses moyennes*, 1 kil. 250 gr.; les *petites moyennes*, 700 grammes; les *filets*, 400 grammes.

En général, les producteurs de sangsues vendent ensemble les petites et les grosses sous le nom de *sangsues en sorte*.

FIN DE LA RÉGION DU SUD-OUEST.

TABLE DES MATIÈRES.

FIN DE LA TABLE DES MATIÈRES.

1083. — IMPRIMERIE PARISIENNE — Dufour et Cie

Boulevard Bonne-Nouvelle, 26 (impasse Bonne-Nouvelle, 5)